팀버프레임 시공실무 가이드

전통 팀버프레임의 접합, 설계, 건축프로젝트

팀버프레임 건축가 서명석

팀버프레임
시공실무 가이드

초판 1쇄 발행   2023. 3. 17.

지은이 서명석
펴낸이 김병호
펴낸곳 주식회사 바른북스

등록 2019년 4월 3일 제2019-000040호
주소 서울시 성동구 연무장5길 9-16, 301호 (성수동2가, 블루스톤타워)
대표전화 070-7857-9719 | **경영지원** 02-3409-9719 | **팩스** 070-7610-9820

•바른북스는 여러분의 다양한 아이디어와 원고 투고를 설레는 마음으로 기다리고 있습니다.

이메일 barunbooks21@naver.com | **원고투고** barunbooks21@naver.com
홈페이지 www.barunbooks.com | **공식 블로그** blog.naver.com/barunbooks7
공식 포스트 post.naver.com/barunbooks7 | **페이스북** facebook.com/barunbooks7

프롤로그

나무가 지천에 있어도 이를 벌목하고 손질하여 건축에 사용할 수 있는 목재로 만드는 데는 엄청난 비용과 시간이 들어갈 수밖에 없다. 따라서 나무를 다루는 목수들은 수년에 걸쳐 견습 과정을 거쳐야 하고 이 과정 동안 치목 테크닉과 동시에 나무의 결, 질감, 느낌, 향, 노화 등 나무의 성질까지도 모두 익혀야 한다.

팀버프레임 목수가 되기 위해선 공학의 이해와 공예가의 손기술, 미술적 재능, 무엇보다도 난관을 극복할 수 있는 순발력이 있어야 한다. 모두 어려운 과제이긴 하나 수련과 학습을 통해 극복할 수 있고 직관적인 본능이 있기에 누구나 팀버프레임 목수가 될 수 있다.

팀버프레임은 서양식 중목 구조이긴 하나 우리 한옥과 닮아 있다. 목수가 생각하는 지향점도 같다고 볼 수 있다. 문화와 인습에서 오는 스타일이 조금 다를 뿐이지 어찌 보면 모든 것이 같다. 우리나라에서 지어지는 팀버프레임은 우리 삶의 공간이다 우리에게 익숙한 건축물로 발전해 나가야 할 이유가 있고 그래서 한옥과의 기술적 교류의 필요성도 느낀다.

팀버프레임 건축가 서명석
화성팀버프레임건축 대표 화성팀버프레임건축:
네이버 카페(https://cafe.naver.com/seo0064)
팀버코리아 건축학교 교장 팀버프레임. 포스트&빔. 중목건축 기술지원센터:
네이버 카페(https://cafe.naver.com/timberkorea)

팀버프레이밍(Timber Framing)

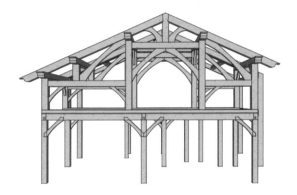

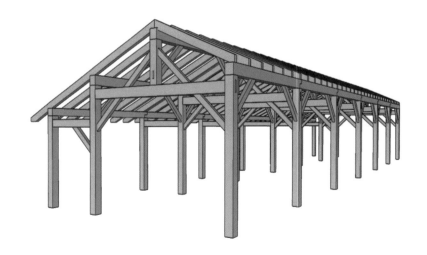

어떤 건축 구조물이든 간에 그 궁극적 목표는 지붕과 마루의 중량을 건축물의 기반으로 전달하는 것이다. 초창기 목조 건축은 기둥과 보를 통해서만 건축물의 중량을 분산시켰다. 기둥·보 구조는 각각의 구조물이 수직으로 작용하는 하중을 직접 지탱해야 하며 수평으로 작용하는 힘에 저항을 못 한다는 점에서 한계가 있었다. 그래서 바람이나 지진과 같은 수평으로 작용하는 힘을 버티고 건축물의 구조를 유지하기 위해서 브레이스(brace)가 개발되었다. 레이스는 보에 집중된 하중을 기둥으로 분산시켜 주는 기능까지도 수행하지만 가장 근본적인 역할은 구조물의 사각형 형태를 유지시키는 것이다.

오늘날의 팀버프레이밍은 기본적인 기둥·보 구조, 트러스(truss) 구조, 이런 단순 구조에 대한 기본적인 원칙을 바탕으로 합리적이고 창의적인 시도를 통해서 안정적이고 실용적인 건축물로 발전하게 된다. 그러면서 벤트가 디자인되고 우리가 감탄하는 건축물들도 탄생되는 것이다.

팀버프레임 설계의 요소

작고 단순한 주택이나 창고를 설계하는 것은 비교적 쉽다. 이때 설계 과정은 건축 설계와 공학 설계로 나누는데 전자는 건축물의 각 구성원이 어디에 어떻게 위치할 것인지를 결정하고 후자는 하중을 견디기 위해 필요한 접합부의 설계와 목재의 크기 등을 고려한다. 전문적인 설계자들의 자문을 구하는 것도 좋지만 직접 설계를 배우면 시간과 돈을 절약할 수 있다. 그래서 팀버프레임을 처음으로 설계할 때 도움이 될 요소들이다.

플로어 플랜. 대부분의 설계 도면은 1층 평면도에서 시작한다. 주로 격자 안에 공간을 위치시키는 방법으로 대략적인 설계를 짠다(가장 기본적인 집의 형태는 4개의 모서리를 가진 직사각형이다). 이 기본적인 형태에서 모서리 하나가 추가될수록 설계가 더욱 복잡해지고 비용이 늘어나기 마련이다. 보통 처음 프레임을 설계할 때 정확한 형태가 정해지지 않은 채로 건축물의 각 부분과 서로의 관계를 담아낸다. 대부분 설계 과정에서 일어나는 변화들 그리고 결정들은 1층 평면을 어떻게 설계할 것인지에 따라 바뀐다. 즉, 다른 층을 설계하기 전에 1층을 제대로 설계하는 것이 좋다.

그림에서 볼 수 있는 스트럭쳐는 3.6m 기둥에 거더를 연결했다. 이 길이가 단순한 접합기법만으로도 충분히 하중을 견딜 수 있는 최적의 길이이며 4.8m를 넘어가게 되면 하중을 견디기 위해 목재의 크기가 매우 커져야 한다. 만약 기둥이 일렬로 설치된다면 들보와 조이스트를 설치하는 것이 매우 직관적이고 단순해지기에 좋은 설계라고 볼 수 있다. 기둥 하나로 전체 건축물을 지탱하여 지붕 구조물, 즉 플레이트, 중도리 혹은 릿지 구조물과 바로 연결할 수 있는데 이러면 각 층마다 다른 기둥을 사용할 때 불규칙한 수축으로 인해 발생하는 문제를 피할 수 있다. 물론 일체형 기둥을 사용하기로 결정했다면 2층 역시 기둥의 위치는 바뀌지 않을 것이며 이는 기초부에서 기둥을 지지하는 구조물의 위치 역시 마찬가지이다. 물론 기둥을 꼭 밑에서 지탱할 필요는 없다. 가끔 들보 위에 기둥을 설치하는 기법을 사용하기도 하지만 이런 경우는 정확한 설계와 정밀한 작업이 필요하다.

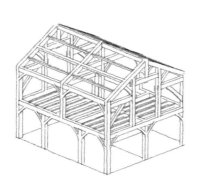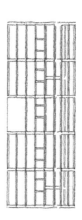

기둥의 위치는 집의 주거공간을 어떻게 나눌 것인지에도 영향을 미친다. 정해진 벽의 위치가 없으니 공간을 다양하게 유동적으로 분리할 수 있다는 점은 팀버프레임의 장점 중 하나이다. 그림에서 볼 수 있듯이 기둥을 활용하여 창의적으로 주거공간을 분리할 수 있다. 기둥과 브레이스가 거주공간을 방해하는 요소가 아니라 거주공간을 만들어 내는 요소로써 사용되는 것이다. 이는 단순히 조이스트와 들보의 높이를 의미하는 것이 아니라 어떤 방향으로 이를 설치할 것인지 역시 고려해야 한다.

주로 가장 효율적인 방법은 들보 사이에 최대한 짧은 스팬을 가지도록 조이스트를 설치하는 것이지만 시각적인 효과를 위해 조이스트의 방향을 바꾸는 것 역시 자주 사용되는 기법이다. 또 플로어와 천장을 다른 높이에 위치함을 통해 조이스트가 기둥의 특정 부분에 집중되는 것을 방지하여 프레임의 강도 역시 보전할 수 있다.

평면도를 구상할 때는 브레이스 역시 고려해야 한다. 창문, 계단, 복도 등은 브레이스를 빼놓고는 설계할 수 없기 때문이다. 복도를 지나갈 때 브레이스와 충돌해서는 안 된다. 혹은 브레이스가 창문 혹은 문을 가로막아서도 안 될 것이다. 브레이스는 많을수록 프레임의 강도를 높여주며 최소한 한 벤트와 베이에 마주 보는 한 쌍의 브레이스는 있어야 한다. 브레이스는 압축력을 가장 효과적으로 저항하기 때문에 그림처럼 마주 보게 설치해야 효과적으로 기능하기 때문이다. 브레이스가 길수록 효과적인데 최소 60cm는 되어야 한다.

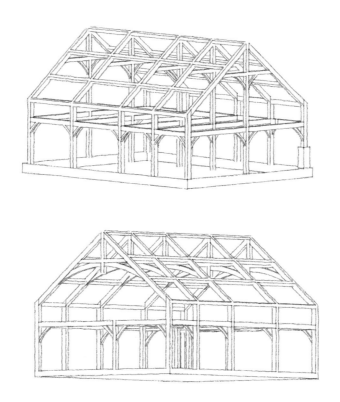

건축 스타일. 건축 설계는 선형적인 과정이 아니다. 즉, 여러 가지 요소를 동시에 고려해야 한다. 집의 구조는 각 공간이 어떻게 활용될지에 대한 고려사항뿐만 아니라 지으려는 건축물의 스타일에 의해서도 결정된다. 물론 한 가지 양식에 너무 집착할 필요는 없다.

건축물의 외관과 전체적인 스타일을 결정하는 가장 큰 요소는 바로 지붕 설계이다. 지붕 피치를 결정할 때는 스노우 로드, 지붕 작업 비용 그리고 서까래 아래 공간을 활용할 것인지 여부 등을 고려해야 한다. 밸리(valleys)와 힙(hips)을 사용하여 시각적 요소를 더해줄 수 있으며 건축물 내부 요소로서 도머(dormer)를 사용할 수도 있다. 하지만 이런 구조물들은 작업을 더욱 복잡하게 하며 구조상 문제점을 유발할 수 있다는 사실을 명심해야 한다. 패널이나 널판재를 사용하여 위를 덮어버리면 문제를 쉽게 해결할 수도 있다.

각 지역의 건축법을 확인하여 건축물의 최대 높이, 그리고 최대 층수 등을 알아보아야 한다. 몇몇 지역은 고도에 대한 제한도 있으니 유의하자. 경험이 쌓이기 전까지는 지붕 설계는 단순하게 하는 것이 좋다.

프레임 설치. 크레인을 이용하여 프레임을 설치하는 것은 직접 인력으로 설치하는 것보다 빠르며 일손이 덜 필요하다. 물론 크레인을 부를 수 없거나 작은 건축물은 공동체의 협력을 통해 사람이 직접 프레임을 설치하곤 했지만 지금은 크레인이 절대적이다. 프린시펄 래프터(principal rafter)와 커먼 펄린(common purlin)을 사용하는 경우 크레인은 거의 필수적인데 지붕 구조를 포함한 벤트를 수평으로 조립한 이후 프레임을 세우기 때문이다. 이후 중도리를 설치하는 형식이다. 인력을 이용하여 프레임을 세우려면 벤트가 작아야 하고 아래서부터 구조물을 건네주어야 하기에 건축 자재 크기 역시 비교적 작아야 한다. 커먼 래프터의 경우 중력을 역이용하여 쉽게 설치가 가능하지만 커먼 펄린의 경우 중력을 거슬러서 지붕 위로 직접 설치해야 되기에 어려움이 존재한다.

설계를 완성하기 전에 미리 어떻게 프레임을 세울 것인지 과정을 메모하거나 최소한 상상해 볼 것을 권한다. 실제로 프레임을 세우기 전에는 당연히 이 과정을 정리하고 같이 작업하는 동료들에게 나누어 주어야 한다. 프레임 설계가 복잡할수록 미리 벤트를 조립하고 크레인을 이용하여 세워야 한다.

구조 공학. 건축설계사가 주로 검사하는 것은 조이스트, 들보, 그리고 서까래의 크기가 규격에 맞는지이다. 팀버프레이머는 건축물의 하중을 견디기 적합한 목재의 종류, 넓이, 두께, 길이 그리고 각 골조 사이의 간격 역시 모두 결정해야 한다. 이 다양한 변수를 적당히 조절하여 건축물의 요구사항을 맞추는 것이 팀버프레이머가 해야 하는 일이다. 골조의 크기와 등급이 표준화되어 있는 다른 건축물들의 경우 선택의 폭이 좁지만 팀버프레임의 경우 팀버프레이머가 통제할 수 있는 변수가 많다. 하중을 견딜 수 있는 강도를 계산할 때는 물론 접합부가 미치는 영향 역시 고려해야 한다.

어떤 지역에서는 중목골조만으로는 우리나라 건축법을 통과하기 힘들 수도 있다 (예를 들어 담당 공무원이 법 해석을 보수적으로 할 경우). 그럴 때는 합판, SIP, 투바이 공법, 혹은 다른 외장을 사용하여 건축물을 강화할 필요가 있는 것이다. 따라서 자신이 살고 있는 지역의 건축법을 알아보고 목 구조 경험이 있는 건축사에게 설계를 맡기는 것이 가장 안전하다(추가적인 비용이 발생될 수도 있다).

목재. 어떤 종류의 목재를 사용할지 결정할 때는 강도만 고려해서는 안 된다. 다양한 종류의 목재를 한 건축물에 함께 사용하는 것 역시 문제될 것 없다. 물론 각 구성원의 특징에 맞추어 접한 목재의 종류를 정해야 할 것이다. 특히 공수할 수 있는 목재의 수가 한정적일 때는 여러 종류의 목재를 사용할 수밖에 없다. 벤딩 응력에 취약한 목재들은 주로 기둥이나 브레이스 사용하고 저항력이 강한 목재의 경우는 조이스트, 들보, 서까래에 주로 사용한다. 하지만 접근이 쉬운 목재를 선택해 쓰는 것이 가장 좋다.

내부 인테리어. 팀버프레임의 매력 중 하나는 목재 인테리어일 것이다. 하지만 목재가 건축물 내부를 너무 많이 차지하면 문제가 생길 수 있다. 특히 밝은색 계열의 벽지나 페인트를 사용하지 않는 경우 목재가 빛을 흡수하는 경향이 있기에 집 내부가 너무 어두워질 수 있다. 목재의 색깔 역시 중요한데 레드 오크나 전나무는 붉은빛을 띠는 반면 잣나무는 노란색에 가까운 색을 가지고 있다. 다양한 목재를 사용하는 경우 각 목재의 색상이 조화를 이루는지도 확인해야 한다.

접합부 역시 장인정신이 필요한 부분인데 수축으로 인한 헐거워짐을 방지하도록 단단히 고정시켜야 한다. 불균형한 수축 속도와 계절의 변화를 고려하면 목재를 처음 모습 그대로 유지하는 것은 기대하지 않는 것이ㅂ 좋다. 조이스트가 주로 들보보다 두께가 작은 이유는 단순히 구조적인 안정성뿐 아니라 프레임 구성원들 사이에 대비와 비교의 효과를 주@기 위해서이다. 스플라인(splines)과 나무못 역시 조인트에 시각적인 강조를 주는 요소로 사용될 수 있다.

팀버프레이밍 구성요소

호메로스의 시대(기원전 1100-900년) 때는 하모니(harmony)라는 단어가 건축에서 접합(joinery)을 의미하였는데 "둘 이상의 무언가가 꼭 들어맞는다"라는 의미에서 동시에 음악의 조화를 가리키기도 했다. 즉, 초창기 건축가들과 음악가들은 동일한 일을 한다는 것으로 여겼던 것 같다.

팀버프레임의 종류와 기능은 다양하지만 어떤 프레임에서든 구성원이 조화롭게 연결되어야 한다는 사실은 동일하다. 마치 팀버 볼트(timbered vaults)들이 다른 구성원을 지지하기 위해서 한 점에서 만나는 것처럼 말이다. 즉, 팀버프레임에는 균형(proportion)이라는 개념이 있다. 각 구성원의 적절한 배열을 통해 시각적 아름다움과 구조적인 기능이라는 두 마리 토끼를 잡는 과정 말이다. 따라서 이렇게 조화롭게 건축물을 설계했을 때 프레임은 대칭 상태를 이룬다. 이는 단순히 거울에 비친 좌우대칭을 의미하는 것이 아니다. 여기서 말하는 대칭은 보다 자연스러운 대칭을 의미한다.

팀버프레이밍 구성요소 벤트(bent) 들보(beam) 접합기법(joinery)

그림은 기본적인 벤트 프레이밍(bent framing)의 구조를 보여준다. 주요한 구성요소는 기둥(post), 지붕들보(tie beam), 그리고 서까래(rafter)이다. 반면 벤트의 크기와 하중이 이 구조물들의 구조적 한계를 넘어서게 되면 보조적인 구조물들이 사용되는데 여기에는 내 기둥(interior post), 퀸 포스트(queen post), 그리고 칼라타이(collar tie)가 포함된다. 브레이스(brace)는 건축물의 구조적 형태를 유지하기 위해 사용된다. 퀸 포스트(queen post)는 서까래 혹은 칼라타이와 직접적으로 접지되어 설치될 수 있다. 강원도 횡성에 지어진 팀버프레임 하우스 (화성팀버프레임건축 설계·시공)

보령 프로젝트 1, 2층 구조. 계단 손잡이는 목재가 아닌 철재를 사용했다.

팀버프레밍에 첫 번째 구성요소는 벤트다. 벤트는 정교하고 안정적인 구조물로써 건축물이 받는 하중을 고르게 지면으로 분포하는 기능을 한다. 가장 우선적인 외부의 하중을 견디기 위한 벤트의 구성요소로써는 기둥(post), 서까래(rafter), 그리고 지붕들보(tie beam)가 있다. 반면 벤트의 내부적 하중과 건축물에 수평적으로 작용하는 힘에 저항하기 위해 보조적인 구조물들이 사용되는데 여기에는 내 기둥(interior post), 퀸 포스트(queen post) 그리고 칼라 타이(collar tie)가 포함된다. 다수의 벤트가 사용되는 건축물의 경우 이를 연결해 줄 구조물이 필요로 한다. 여기에는 주로 월 플레이트(wall plate), 탑 플레이트(top plate), 조이스트(joist), 서머 빔(summer beam), 중도리(purlin) 등이 포함된다. 대부분의 경우 이런 부수적인 구조물들은 수직적 하중만 담당하며 단순보와 동일한 하중 계산을 거쳐 그 크기가 결정된다.

또 팀버프레이밍의 중요 구성요소로는 브레이스(brace)이다. 니 브레이스(knee brace)같은 경우는 하중을 분산시키는 용도가 아닌 건물의 형태를 유지하는 기능을 한다. 비록 하중의 일부분을 지탱할 수는 있지만 브레이스에 의존하는 것을 피하는 것이 좋다. 정 브레이스를 활용하여 무게를 분산시키고 싶다면 브레이스와 유사한 스트럿(strut)을 쓴다.

정확한 접합기법(joinery)을 통해 목재를 서로 단단히 접지시킬 수 있다. 이는 시간이 지남에 따라 목재의 뒤틀림, 이탈을 방지해 준다. 우측 사진은 해머 포스트를 받쳐주는 해버빔. 해버빔을 받쳐주는 브레이스 모두 견고하게 접합되어 있는 것을 볼 수 있다.

팀버프레밍에서 빼놓을 수 없는 구성요소는 접합기법(joinery)이다 팀버프레임 건축에 있어 어쩌면 가장 중요한 요소일 것이다. 목재가 안정적으로 접합되지 않는다면 그어떠한 건축물도 세월의 풍파를 견딜 수 없기 때문이다. 다행히 팀버프레임 접합기법은 수백 년 동안 실험과 검증을 걸친 결과물이다(베테랑이 되기 전까지는 특별히 창의성을 발휘할 필요 없이 전통적인 접합기법을 적용하면 된다).

그림은 시져 트러스 피팅 모습
(화성팀버프레임건축 설계·시공)

팀버프레이밍에 구조적 강도는 그 종류, 구조적 특징, 목재 사이의 지간(span), 가해지는 하중에 따라 달라진다. 하지만 단순히 기능적인 관점뿐 아니라 미적인 관점도 고려해야 할 것이다. 이상적인 프레이밍은 정교하게 균형 잡힌 목재의 배열을 요구한다. 그 예로 너무 넓은 지간은 단순히 구조적으로도 바람직하지 않을 뿐만 아니라 보기에도 좋지 않다. 반면 비교적 작은 목재와 큰 목재를 혼합한다면 눈의 동선이 자연스럽게 건축물의 구조에 머물게 되며 특히 큰 목재의 미적인 요소를 한층 극대화시켜 준다.

건축물의 강도와 시각적 미는 목재의 질에 따라 달라질 수 있다. 건축현장에 도착하는 목재는 대부분 등급이 매겨져 있지 않기 때문에 결손이 없는 괜찮은 목재를 구하기 위해서는 목수의 눈썰미와 노력이 필수적이다. 이때 고려해야 할 몇 가지 요소가 존재한다.

첫째는 그레인 런아웃(grain run out)이다. 수평으로 설치되는 목재물의 경우 그레인(grain)의 경사도는 1:15를 벗어나면 안 된다. 즉 400mm 길이의 목재에서 그레인은 30mm 이상 기울어져서는 안 된다는 것이다. 이 경사도가 심할수록 목재의 강도는 약해진다. 올곧은 그레인을 가진 목재의 강도를 100으로 가정했을 때 경사도가 높아짐에 따라 1:25는 96%, 1:20은 93%, 1:15는 89%, 1:10은 81%, 1:5는 55%의 강도를 보인다. 하지만 기둥처럼 수직으로 작용하는 하중을 받는 경우 그레인 경사도의 영향이 적어진다 그레인 경사도가 높은 목재일 경우 기둥으로 쓰는 것이 적합하다.

두 번째 고려요소는 목재에서 나타나는 옹이다. 구조적인 관점에서 옹이는 목재에 구멍이 뚫려 있는 것과 마찬가지로 보면 된다. 목재의 크기에 비해 옹이가 클수록, 또 목재의 가장자리에 위치할수록 목재의 강도가 약해진다. 이를 SR(Strength Ratio)이라고 하는데 이를 구하는 공식은 다음과 같다.

"k는 옹이의 크기, h는 목재 면의 면적일 때 SR = 1-(k/h)*2"

즉 직경 3인치짜리 옹이가 10인치 목재 면에 위치했다고 가정하면 해당 목재의 강도는 1-(3/10)*2, 즉 0.91이다. 이는 옹이 없는 온전한 목재의 강도와 비교했을 때 목재의 강도가 91%라는 것을 의미한다. 옹이는 수직보다 수평으로 작용하는 힘에서 더 큰 영향을 미친다. 따라서 목재의 가장자리에 위치한 옹이일수록 수직으로 작용하는 힘을 지탱하도록 배치하는 것이 좋다.

제대로 지어진 팀버프레임은 수백 년은 거뜬히 존속할 수 있다. 팀버프레임 건축비의 20%는 목재 구입에서 나온다는 것을 감안하면 적합한 목재를 선택할 수 있는 능력의 중요성이 얼마나 큰지, 또 결손이 있는 목재가 초래할 수 있는 결과가 어떤 것인지를 짐작할 수 있을 것이다. 위 사진은 결손이 없는 훌륭한 목재다(수종 캐나다 올드그로스) 양평 팀버프레임 하우스 적용 목재(화성팀버프레임건축 설계·시공).

목재에 대한 이해가 높을수록 실제 건축 과정에서 시간을 절약하고 실수가 나올 가능성을 줄여주며 보다 안정적인 접합을 가능케 할 뿐 아니라 시각적으로도 균형

잡힌 팀버프레임을 지을 수 있다. 따라서 나무의 성질과 특징을 계속해서 학습하고 연구하는 시간이 필요하다.

팀버프레임 건축은 콘크리트나 철골건축에 비해서 옛날 건축 방식으로 인식되곤 한다. 그러나 비록 팀버프레이밍의 핵심 원리들이 아주 예전부터 개발된 것이기는 하나 오늘날의 건축물에서도 여전히 팀버프레임 건축의 접합양식과 공학법칙이 사용되는 것을 볼 수 있다. 구조적인 관점에서 볼 때 팀버프레이밍은 각각의 구조물과 그 배열을 통해 하중을 지탱하고 특정 지점으로 분산하는 기능을 한다. 이 원리는 오늘날의 철재 건축물과 교각들에도 그대로 적용된다. 핵심 개념은 결국 간단하다. 수직으로 설치된 기둥이 수평으로 설치된 들보가 받는 하중을 지탱하는 것이다. 들보가 커질수록 목재 사이의 지간은 길어진다. 그러나 지간이 길어질수록 목재가 휘어질 가능성도 높아진다. 따라서 목재가 하중 한계점에 다다를수록 또 다른 목재로 하중을 분산한다. 이 과정을 통해 거주공간을 창출해 내고 이를 다시 용도에 맞게 분리한다. 팀버프레임 건축은 건축물의 내부적 공간을 외부의 구조를 크게 바꾸지 않는 선에서 리모델링, 구조 재배치 등이 가능하다.

목재는 완벽한 것만 있는 것이 아니기 때문에 각기 부재를 선별하여 요소에 배치하는 것이 중요하다. 이 부분은 많은 시공 경험과 축적된 노하우를 필요로 한다.

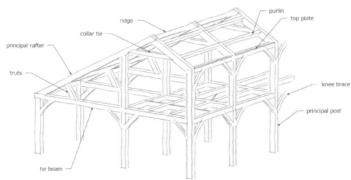

　　팀버프레이밍을 설계할 때 참조할 수 있는 전통과 역사가 있다는 것은 행운이라고 할 수 있다. 그러나 자신만의 팀버프레임을 설계하기 전에 먼저 접합기법에 대한 이해가 필수적이다. 오늘날 널리 쓰이는 접합양식은 13-14세기경 유럽에서 이미 완성된 기술에서 파생되었다. 이는 시행착오를 거쳐 기초적인 공학 원칙에 기반하여 서서히 개발된 기법이었다. 이 기법을 통달한 당시의 건축가들은 건축물이 수직으로 가해지는 압축력을 건축물의 기반으로 전달해야 한다는 사실을 직관적으로 이해하고 있었다. 또한 이들은 수직으로 작용하는 하중에 따른 결과는 수평으로 작용하는 추력(thrust)이라는 것을 알고 이에 따라 지붕들보를 개발하게 된다. 이와 같은 수평 구조물과 수직 구조물을 서로 연결시키는 접합기법의 중요성은 예전부터 인식되어 왔던 것이다. 따라서 접합기법을 익힐수록 자연스럽게 팀버프레임 설계능력이 전반적으로 향상될 것이다. 팀버프레임에 다양한 조인트(joint)들이 존재하지만 결국 모두 장부촉(tenon)과 장부홈(mortise)이라는 기본틀 안에서 이루어지게 된다.

강원도 화천에 지어진 샬트박스 팀버프레임(화성팀버프레임건축 설계·시공)

전통적인 팀버프레임에 사용되는 모든 접합기법을 통틀어 가장 중요한 것은 타잉 조인트라고 할 수 있다. 지붕들보, 혹은 대들보, 앵커빔, 이음보 혹은 하현부(트러스에서)라고도 불리는 구조물은 벽과 벽 혹은 처마와 처마 사이를 수평으로 연결하며 서까래의 추력을 저항하는 기능을 한다. 이 지붕들보가 벽과 만나는 지점에 타잉 조인트가 설치되는 것이다. 타잉 조인트는 대부분의 경우 프레임 내에서 인장력을 저항하는 유일한 조인트이기도 하다. 지붕들보가 서까래의 처마와 연결된다면 삼각형 구조물이 만들어진다. 구조물의 크기가 상당하다면 서까래의 중앙지점에 중도리가 들어서서 서까래를 지탱하기에 실질적인 스팬과 이에 따른 추력이 줄어들며 따라서 타잉 조인트에 가해지는 부하도 줄어든다. 하지만 바람이 가하는 힘 때문에 브레이스가 타잉 조인트에 추가로 인장력을 가할 수도 있다. 조인트라는 것은 결국 목재의 일정 부분을 제거하여 만드는 것이기에 목재의 강도가 약해질 수밖에 없다. 그래서 같은 부분에 다양한 구조물을 설치하려면 복잡한 접합기법이 필연적이다.

쓰루 장부이음(Through Mortise and Tenon;). 인장력을 받는 조인트를 설계할 때 사용하는 접합기법으로 아마 가장 널리 사용되는 타잉 조인트 기법일 것이다. 기둥을 통과하는 장부홈을 만들어 장부축의 길이를 최대화해 주는 설계 방식이다.
　접합부를 고정하기 위해서 나무못을 사용하기 때문에 나무못의 크기와 위치가 매우 중요하다. 이 접합부가 실패하는 몇 가지의 이유가 있다.

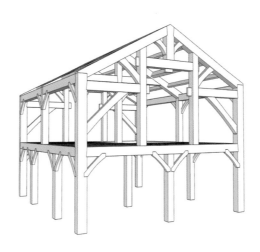

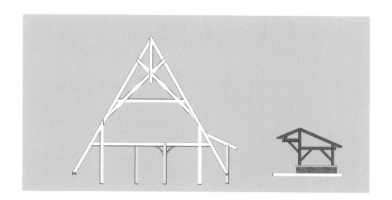

경북 청도에 지어진 팀버프레임 하우스 쓰루 장부이음을 잘 보여주고 있다. 쓰루 장부이음은 기능적인 부분을 더해서 미술적인 표현을 할 때도 사용되는 접합기법이다 (화성팀버프레임 설계·시공).

사진 평창 프로젝트 쓰루 장부이음. 블라인드 기법을 사용해 타잉 조인트를 했다. 릿지빔은 단순 하프 스카프를 사용했다(화성팀버프레임건축 설계·시공).

1. 전단력에 의해 나무못이 망가지고 조인트가 분리되는 경우(나무못이 작거나 품질이 안 좋을 때 발생한다)
2. 릴리쉬(relish), 즉 나무못 구멍과 장부촉 끝 사이의 부분이 쪼개져 조인트가 분리되는 경우(장부촉이 너무 짧거나 나무못 구멍이 장부촉 끝과 너무 가까울 때 발생한다)
3. 장부홈 측면이 쪼개져 조인트가 분리되는 경우(나무못이 장부홈 가장자리와 가까이 설치됐을 때 발생한다)
4. 나무못 구멍부터 기둥 상단의 장부촉까지 쪼개짐 현상이 발생하여 기둥 상단 부분이 손상을 입을 경우(조인트가 지붕 상단과 너무 가까울 시 발생한다)
5. 타잉 조인트에 의해 기둥이 손상을 입을 경우(기둥에 장부홈을 설치하느라 너무 많은 목재를 제거할 경우)

일반적으로 쓰루 장부이음은 장부촉의 접합면을 최대로 하여 조인트의 강도를 높이지만 쓰루 기법이 아닌 블라인드(blind) 기법을 사용하기도 한다. 나무못은 2개 이상을 사용하며 서로 다른 위치에 설치하여 쪼개짐 현상을 방지한다. 요즘은 여러 가지 이유로 블라인드 기법을 주로 많이 쓰인다 가장 큰 이유는 시공상 합리성 때문이다 우리가 사용하는 목재는 대게 오버 사이즈이고 후공정에 따라서 약한 부분을 보강할 수 있는 여지가 있기 때문에 공학적인 부분보다는 디자인 측면에 비중을 두고 결정하게 된다. 대부분의 건축물의 경우 쓰루 조인트는 하우징 기법을 사용하는데 이는 지붕들보가 플로어 로드를 지탱해야 하기 때문이다. 즉, 장부촉뿐만 아니라 들보 전체가 기둥과 접합되는 것으로 이를 통해 베어링(bearing) 강도뿐 아니라 전단 저항력도 높여준다. 디미니시드 하우징 기법(diminished housing), 평행 하우징 기법(parallel housing)을 사용한다.

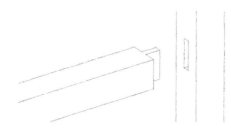

그림 쓰루 장부이음 조인트이다. 가장 기본적인 형태를 차용했을 때에도 어느 정도의 하중을 지탱할 수 있다. 시대와 위치를 막론하고 쉽게 찾아볼 수 있는 양식이다.

그림 (왼쪽 아래). 하우스 기법을 사용한 쓰루 장부이음. 왼쪽은 디미니시드(dimin-ished) 기법을 사용했으며 오른쪽은 평행 하우징 기법을 사용했다.

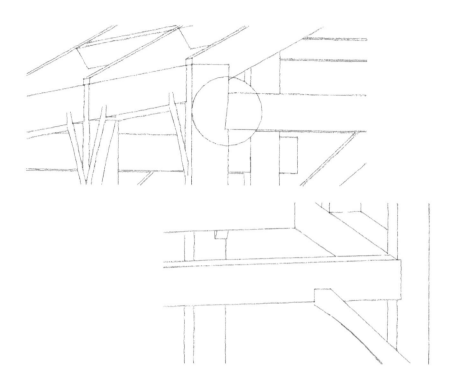

블라인드 하우스 쓰루 장부이음(Blind-Housed Through Mortise and Tenon).

기둥의 접합면이 들보의 접합면보다 넓을 때 하우징 기법을 사용하여 들보를 기둥에 고정하는 경우가 많다. 기둥 한쪽 면을 기준으로 들보가 고정되도록 할 수도 있고 중앙에 맞추어 하우징 기법을 설계할 수도 있다. 기둥의 넓이가 상당하다면 조인트의 손상을 방지할 수 있다. 지붕들보를 의도적으로 끝부분에 좁게 만들어 블라인드 하우징 기법을 사용하는 경우도 있다. 이렇게 기둥에 목재 소실량을 최소화하면 프레임의 강도를 높일 수 있다.

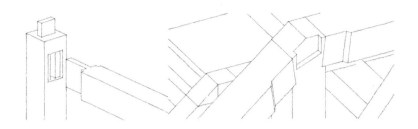

그림 (좌). 블라인드 하우스 기법을 사용한 쓰루 장부이음을 사용하면 들보를 기둥 한쪽 가장자리 혹은 그림에서처럼 가운데에 위치시킨다. 기둥에 목재가 소실되지 않은 부분이 장부홈이 쪼개지는 것을 방지해 준다. **그림 (우).** 가끔씩 부재의 두께를 줄여 하우징 기법을 사용하기도 한다. 미술적 감흥을 줄 때도 이런 기법을 볼 수 있다.

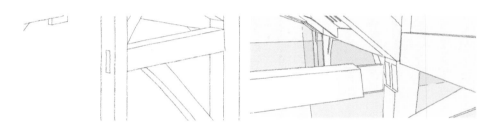

그림 도브테일 조인트의 구성원 경기도 광주 퇴촌(화성팀버프레임건축)

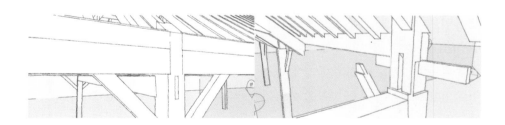

그림 도브테일 숄더 장부이음 조인트의 조립 전과 후 모습을 보여준다.

쓰루 장부홈과 연장 장부촉 (Through Mortise and Extended Tenon;).
화성프로젝트에 적용된 것이다 이 기둥은 앵커빔과 연결되어 H모양을 이루게 된다.
이 경우 장부촉은 엄밀히 말해 건축물 안쪽에 설치되는 것이기에 외부 환경에 노출
될 위험 없이 연장하여 설치할 수 있다. 장부촉의 길이를 200mm 정도 더 길게 설치
함을 통해 접합면이 부족해서 발생하는 실패를 방지할 수 있다. 여기에 웻지를 더함
으로써 앞에서 언급된 다섯 가지 실패 요인 중 타잉 조인트로 인한 기둥의 손실을 제
외한 네 가지 요인을 제거할 수 있다. 웻지는 건축물이 완성되고 건조과정이 이루어
진 이후 추가로 설치할 수 있다. 장부촉의 구체적인 모습은 건축가에 따라 달라진다.

그림은 H 형태의 벤트라 볼 수 있다. 이 경우는 타잉 조인트가 건축물 내부에 설치되기에 들보촉이 밖으로 삐져나와도 문제가 되지 않는다(화성팀버프레임건축).

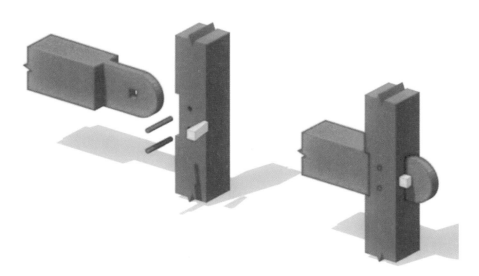

사진) 조암 프로젝트 적용 단순한 스카프조인트 형태 나무못으로 형태를 유지시켰다

(화성팀버프레임 설계·시공).

스카프조인트 구조적 고려사항. 각각 끝을 연결한 2개의 목재는 당연히 하나의 긴 목재보다 강도나 경도가 떨어진다. 비록 1몇몇 기법들이 이를 따라잡기 위해 만들어지기는 했지만 대부분의 스카프조인트는 단순한 기법으로 이루어지며 저항할 수 있는 힘에 한계가 있는 것이 사실이다. 스카프조인트는 다음과 같은 힘에 노출된다.

축 압축력(Axial Compression). 나뭇결과 평행하게 축을 따라 작용하는 압축력으로 가장 저항하기 쉬운 힘이다. 단순 버트 조인트로도 충분하며 기둥에 스카프 기법을 사용해도 축 압축력은 충분히 저항 가능하다.

축 인장력(Axial Tension). 플레이트와 지붕들보는 어느 정도의 인장력을 견딜 수 있어야 한다. 트러스의 하현부 같은 경우는 상당한 인장력에 노출되기도 한다. 인장력에 강한 저항력을 가진 스카프조인트는 대부분 비교적 길고 복잡한 형태를 가지고 있다.

전단력(Shear). 목재 소실량이 적을 때는 문제가 되지 않지만 전단력이 심각한 문제를 불러일으키는 것은 스카프 접합기법처럼 목재에 노치를 주는 경우이다. 전단력은 스카프 한쪽 면이(단순 하프랩의 하단부가 예가 될 수 있겠다) 다른 한쪽 면을 지탱하는 경우에 발생한다. 전단력은 노치 부분에 쪼개짐 현상을 발생시킬 수 있으며 이를 방지하기 위해 경사를 준 스플레이드 스카프(splayed scarfs)를 사용한다.

회전력(Torsion). 스카프조인트는 대부분 아주 작은 회전력에만 노출된다. 시즈닝 과정을 거치지 않은 목재를 사용했을 때 나사형 나뭇결이 수축하면서 회전력이 발생할 수 있다. 이때 회전력에 대한 저항력이 없다면 접합부가 분리될 수 있다. 이에 따라 조인트에 작용하는 다른 힘에도 취약해질 것이다.

벤딩(Bending). 스카프조인트가 가장 저항하기 힘든 힘이다. 벤딩 로드에 노출되는 구성원은 플레이트, 지붕들보, 그리고 플로어 로드 혹은 루프 로드를 지탱하는 들보가 있다. 때때로 벤딩을 저항하는 지점이 2개일 수도 있다. 예시로 플레이트는 바람으로 인해 받은 수평적 벤딩과 지붕의 하중으로 인해 받는 수직적 벤딩을 모두 저항해야 한다. 따라서 벤딩 로드가 가장 작은 지점에 스카프조인트를 위치시키는 것이 중요하다.

　플레이트나 중도리 플레이트 같은 구성원은 여러 지지물 위에 설치되지만 소수의 지지물에 의해 지탱되는 구성원의 경우 위험은 더욱 커진다. 최대 혹은 최소 벤딩 모멘트의 위치는 구성원에 따라 달라진다. 가장 기본적인 형태의 들보의 경우 가장 큰 모멘트는 주로 정 가운데에서 일어나며 다수의 지지물에 의해 지탱을 받는 경우는 기둥 바로 위 지점에서 발생한다.

　스카프로 연결된 목재는 온전한 하나의 목재만큼의 강도와 경도를 가지는 것은 어려운 일이기에 모멘트가 가장 작은 지점에 스카프를 위치시키는 것이 이상적이다. 오래된 건축물의 경우 대부분의 스카프가 이 지점에 위치해 있는 것을 확인할 수 있다. 그림으로 볼 수 있듯이 조인트는 브레이스의 지지를 받을 뿐만 아니라 전단력과 벤딩 모멘트가 모두 작은 지점에 설치된다.

스카프의 종류. 단순하게 설명하자면 스카프에는 세 가지 종류가 있다. 하프(halved), 스플레이드(splayed) 그리고 브리들(bridled)이다. 하프 스카프는 랩 기법을 사용1하여 스카프의 접합면이 곧 목재면과 평행하다. 스플레이드 스카프는 경사면을 가진 랩 기법을 사용한다(블레이드 스카프(bladed scarf)의 경우에는 장부 촉이 더해진다). 브리들 스카프는 텅 앤 포크(tongue and fork) 혹은 오픈 장부이음을 사용한다.

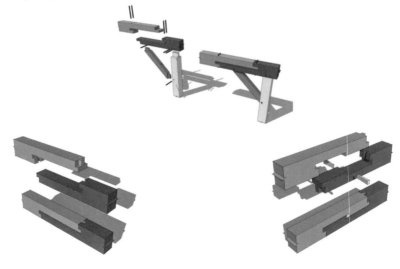

하프 스카프(Halved Scarf). 하프 스카프 혹은 하프 랩은 가장 단순한 스카프 기법으로 축 압축력은 효과적으로 저항하지만 인장력과 회전력을 나무못이나 볼트에만 의지하여 저항한다는 단점이 있다. 전단력에 대한 저항력도 어느 정도 가지고 있지만 벤딩에 대한 강도는 약하다. 따라서 씰처럼 고른 지지를 받는 구성원에 주로 사용되며 빨리 작업을 마쳐야 할 때도 사용되지만 대부분의 경우 시간이 지남에 따라 분리되곤 한다. 하프 랩 기법은 현장에서 건축물을 수리해야 할 때도 사용된다.

하프 앤 언더스퀸티드(Halved and Undersquinted). 벤딩과 수축에 따른 회전력에 보다 효과적으로 저항하고자 스카프 양쪽 끝에 경사를 주는 기법이다. 경사 각도는 주로 60mm당 30mm로 이보다 경사각이 얕을수록 작업 시간이 길어지며 쪼개짐의 위험이 있다. 이 기법은 작업량은 거의 변하지 않지만 상당한 저항력을 더해준다는 이점을 가진다. 나무못은 조인트의 안정성을 위해 필수적 요소이다.

하프 앤 블레이드(Halved and Bladed). 시간과 장소를 불문하고 흔하게 발견되는 형태의 스카프조인트 기법이다. 노출 장부촉 혹은 블레이드가 회전력에 의한 문제를 방지해 줄 뿐만 아니라 벤딩 및 인장력에 대한 저항력을 높여준다. 어떤 건축가들은 랩 부분에 추가로 나무못을 더하기도 한다. 이 기법의 변형은 나무못을 사용하지 않는 스터브 장부촉을 사용하거나 짧은 랩을 사용하는 것이다. 한 변형 기법에서는 맨 아래와 맨 위 접합부를 수직으로 설계하기도 한다. 장부촉은 주로 40mm 두께이며 100mm 길이를 가진다.

하프, 블레이드 앤 코그(Halved, Bladed and Cogged). 흔한 기법은 아니며 T자 모양의 스터브 장부촉에 코그를 더한 형태이다 이는 스카프 정렬에 도움을 줄 뿐만 아니라 서까래 추력과 같은 수평으로 작용하는 힘에 대한 저항력을 높여준다. 물론 작업 시간이 소모된다는 단점이 있다.

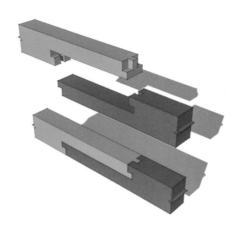

하프, 블레이드 앤 코그 스카프조인트

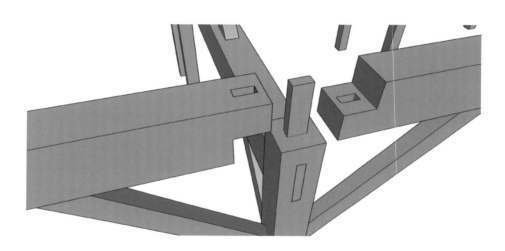

그림. 단순 하프 스카프지만 기둥에 장부촉을 이용해 견고하게 고정시킬 수 있다.

스플레이드 앤 스톱 스플레이드(Splayed and Stop-Splayed). 가장 단순한
형태는 같은 각도의 경사면을 주고 자른 두 목재를 나무못이나 볼트로 고정하는 것
이다. 휠슬 컷이라고도 불리는 이 기법은 전단력을 효과적으로 저항하지만 나무못
에 의존하여 축을 따라 작용하는 힘과 회전력을 저항한다는 단점이 있다. 가장 흔한
형태는 랩 끝 부분에 수직으로 접합면을 주는 것이다. 하프 랩과 비교하여 전단력에

대한 저항력이 상당히 올라가며 40mm 사각형 접합부가 축 압축력을 저항한다. 인장력과 회전력에 대한 저항력은 나무못을 통해 얻는다.

스톱 스플레이드 앤 언더스퀸티드(Stop-Splayed and Undersquinted). 버트 기법에 끝 부분에 경사를 준 형태의 스톱 스플레이드 기법이다. 작업 난이도에 비해 효과적인 조인트로 회전력에 대한 저항력이 높아진다.

스톱 스플레이드 스카프로 치목하고 있다(화성팀버프레임 설계·시공).

웻지와 나무못을 사용한 스톱 스플레이드, 언더스퀸티드 앤 테이블(Stop-Splayed, Undersquinted, and Tabled with Wedge and Pins). 테이블과 웻지를 더하면 매우 강도가 높은 스카프조인트가 만들어진다. 인장력, 회전력 및 벤딩에 대한 저항력이 양쪽 방향으로 모두 높아진다. 하프 랩을 나무못으로 고정하며 웻지를 박아 넣어 조인트의 안정성을 더해준다. 웻지의 두께와 깊이는 보통 40mm로 같다. 버트의 끝 부분에는 꼭 경사를 줄 필요는 없다.

스톱 스플레이드와 웻지 및 복수 테이블(Stop-Splayed with Wedges and Multiple Tables). 위의 기법을 사용한 스카프에 추가로 테이블을 더해주면 인장력에 대한 저항력을 더 높여줄 수 있다.

스톱 스플레이드, 언더스퀸티드 앤 웻지 스카프조인트의 조립 전과 후 모습이다.

　단순히 건물을 몇 채 짓는 것만으로 목조 공학의 공식과 이론을 익힐 수는 없다. 공학은 매우 복잡한 과학이며 전문적인 팀버프레이밍을 할 생각이 아니면 관성력, 탄성 계수 같은 개념을 배우려고 하는 것은 오히려 독이 될 수 있다. 그럼에도 불구하고 기본적인 몇 가지 원리를 이해하는 것은 팀버프레임 건축을 지을 때 당연히 도움이 될 것이다.

　식민지 미국에서 본격적으로 등장한 팀버프레이밍은 영국에서 수백 년간 발달한 건축술의 결과물이다. 고대 그리스와 이집트의 건축물만 봐도 건축공학에 대한 이해가 상당히 일찍 이루어져 왔다는 것을 알 수 있다. 중세 유럽부터 목재가 건축물의 주재료로 쓰이기 시작하자 목재라는 자재에 이미 발달된 공학적 원칙을 적용시키려는 시도가 이루어졌다. 이를 통해 장부홈과 장부촉 같은 팀버프레이밍의 기본적인 디자인이 생겨난다.

　이러한 역사적인 관점에서 팀버프레이밍을 배울 때 먼저 건축의 구조 디자인을 익혀야 하고 그다음에 접합 기법을 배워야 한다고 생각한다. 미국과 유럽의 과거 건축물들이 남긴 팀버프레이밍의 풍부한 역사적 자료들과 계속 확장되어 나가는 현대 팀버프레임 건축의 지식을 벤치마킹해 보자. 이 과정에서 핵심은 팀버프레임을 다른 '인습적인 건축물들'로부터 구분시켜 주는 요소들을 이해하는 것이다. 이는 주로 접합기법을 의미하지만 보다 일반적으로는 하중과 이를 분산하는 원리에 관한 것이기도 하다.

구조 설계의 핵심은 들보나 프레임의 저항력이 하중이 가하는 외부적인 힘보다 세야 한다는 것이다. 따라서 목표는 하중을 구조 프레임을 통해 기조로 전달하는 것이다. 가장 근본적으로 이는 기둥(수직 구조물)으로 들보(수평 구조물)를 지탱함을 통해 이루어진다. 이러한 형태를 기둥·보 구조라고 부른다 특정 들보에 대한 적정 하중을 계산하기 위해서는 세 가지 측면을 고려해야 하는데 이는 벤딩 설계(design for bending), 수평적 변형(horizontal shear), 그리고 디플렉션(deflection)현상을 포함한다. 외부적인 하중을 견딜 수 있는 목재의 크기가 결정이 되었으면 접합 부분이 목재 내부에서 작용하는 힘을 견딜 수 있는지도 고려해야 한다. 이는 접합 부분의 다양한 요소, 즉 장부촉, 나무못, 장부홈 등을 모두 염두에 두어야 하기에 매우 어려운 과정이다. 특히 수직보다 수평으로 작용하는 힘을 견디는 접합 부분에 주의를 기울여야 한다.

구조 설계는 선택한 목재를 프레임 안에서 어떻게 배열하고 배치할 것인지를 결정하는 과정이다. 목재의 크기는 배치되는 위치와 주변의 다른 구조물들에 따라 달라질 수 있다. 설계의 기본은 골조의 저항력을 높이면서 동시에 목재의 부피를 줄이는데 있다. 이때 구조에 대한 기본적인 공학적 이해도가 있다면 건축가의 창의성과 자신감을 바탕으로 자신의 능력을 최대로 발현할 수 있다. 제대로 된 설계를 통해 골조를 설계하는 시간과 비용을 줄이고 주거공간을 최대화하며 시각적으로 아름답고 실용적인 건축물을 지을 수 있을 것이다. 팀버프레이밍의 특수한 점은 건축가 자신이 곧 설계자가 될 가능성이 높다는 것이다.

팀버프레이밍은 본질적으로 구조 설계와 적합한 접합양식의 균형을 맞추는 것이다. 접합기법은 필수적이며 또 구조적 균형을 맞추는 데 필요하다. 구조 설계가 하중을 분산하여 프레임의 저항력을 올리는 것처럼 잘 설계된 접합부분은 들보의 저항력을 최대로 발현시키며 건축가 자신의 창의성과 유연성을 높여준다. 접합기법을 온전히 익히는 것이 팀버프레이밍에서 가장 중요한 과정인 것은 이 때문이다. 접합

디자인은 단순히 정적인 과학이 아닌 상황에 따라 변화하는 리드미틱한 언어라고 할 수 있다. 마치 언어처럼 건축 양식도 지역별로 다른 특색과 표현방식이 있다. 이는 건축의 기본적인 법칙 안에서 창의성과 유연성이 발현될 수 있음을 의미한다.

프레임의 구성요소를 어떻게 배열할 것인지 파악하기 위해서는 프레임에 작용하는 힘을 먼저 알아야 하는데 이는 다음과 같다.

1) **데드 로드(dead load):** 구조물의 무게로 인해 발생하는 중력의 힘
2) **이브 로드(live load):** 건축물의 용도에 따라 사용자와 가구 등의 하중
3) **스노우 로드(snow load):** 지붕 위에 적재될 수 있는 최대한의 부피의 눈의 하중 (라이브 로드에 포함되는 경우도 있다)
4) **윈드 로드(wind load):** 벽면과 지붕에 수평으로 작용하는 바람의 힘
5) **최종 로드(resultant load):** 위의 힘을 모두 총합하여 건축 구조물에 작용하는 힘의 방향과 총합

안정적인 프레임을 설계하기 위해서는 기둥과 지붕들보, 그리고 둘을 이어주는 접합면에 작용하는 하중을 최소화하는 것이 중요하다. 인장력을 최소화하는 것도 중요한데 이는 기둥이 휘는 것을 방지해 준다. 이를 위해서 프레임을 보조해 주는 구조물들을 설치하는 것이 중요하다. 하중이 서까래에 가하는 가장 즉각적인 결과는 기둥이 움직이지 않는다는 가정하에 서까래가 안쪽으로 휘는 것이다. 이를 방지하기 위해서 하중을 견딜 목재를 사용할 수 있지만 그렇다면 목재가 너무 커지기에 최상의 해결책은 아니다. 만약 5.5m짜리 서까래를 3.5m 간격으로 설치한다면 서

까래로만 하중을 견디기 위해서 더글라스퍼 경우는 200*260mm, 오크 경우에는 180*240mm짜리 목재가 필요하다. 이는 당연히 너무 과하며 가장 현실적인 접근법은 서까래 사이에 칼라타이(collar tie)를 설치하는 것이다. 칼라타이를 서까래 중심부로부터 3분의 1지점에 설치해 주는 것만으로도 서까래의 크기를 줄여줄 수 있다. 물론 이것만으로 프레임 전체에 작용하는 하중을 지탱하기에는 무리가 있다.

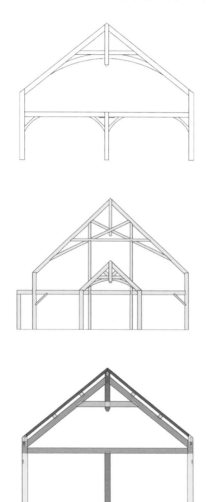

칼라타이를 설치함을 통해서 서까래의 부담을 덜어준다. 칼라타이는 하중이 작용하는 힘만 받게 된다. 지붕의 하중이 칼라타이와 처마 사이의 구간에 집중된다.

원래 칼라타이는 압축력을 저항하기 위한 것임을 명시해야 한다. 서까래가 휘는 힘을 지탱하는 것은 인장력을 저항하는 것이기에 칼라타이를 수평적 힘을 지탱할 수 있도록 설계할 수도 있지만 가장 이상적인 칼라타이 아래쪽의 서까래에 작용하는 힘과 기둥과 지붕들보 사이의 연결부위에 작용하는 힘을 지탱할 구조물을 추가하는 것이다. 건축 구조물의 힘은 가장 약한 부분에 의해서 결정된다고 볼 수 있다. 구조물에서 한 부분이 무너지면 전체가 무너지기 때문이다. 마찬가지로 건축물의 특정 부분이 휘어지거나 제 위치에서 이탈하게 되면 그만큼의 하중이 다른 부분에 부담을 주게 된다.

기둥과 칼라타이의 연결부분에 작용하는 힘을 덜기 위해 가장 쉬운 방법은 퀸 포스트(queen post)를 설치하여 칼라타이와 서까래가 닿는 부분을 지탱하는 것이다. 아래 사진처럼 퀸 포스트는 서까래에 직접적으로 접지하여 설치할 수도 있다. 사진의 기둥은 해머 포스트(hammer post)지만 퀸 포스트와 동일한 기능을 수행하고 있다.

외팔들보 트러스(hammerbeam truss)는 공식만 잘 따라 설계한다면 지붕의 하중을 효과적으로 지탱할 수 있다. (우) 조암현장(화성팀버프레임 설계·시공)

여기서 새로운 사항을 고려할 필요가 있다. 지금까지는 지붕들보를 인장력 관점에서 생각해 왔다. 하지만 위의 방법으로 기둥과 서까래의 하중을 지붕들보로 이전하게 되면 지붕들보에 작용하는 추가적인 압축력을 고려해야 한다. 즉, 지붕들보에 작용하는 지붕의 하중을 지탱할 수 있도록 해야 할 것이다. 보조적 구조물로 지탱받지 않는 들보는 5m가 한계이다. 즉, 6m의 지붕들보는 보조 기둥을 설치할 필요가 있다.

위 그림처럼 10m 지붕들보가 있다면 2m와 8m에 보조 기둥을 설치해 줘야 한다.

만약 벤트 사이의 지간이 10m라면 가운데 설치된 기둥 하나만으로 퀸 포스트로 인해 전가된 지붕의 하중을 지탱하여 지붕들보의 휘어짐을 방지할 수 있을 것이다. 하지만 10m를 넘어간다면 보조 기둥 2개가 필요할 수 있다. 이 경우에 기둥은 퀸 포스트 바로 아래쪽에 설치될 것이다. 기둥 양쪽에 서로 마주하여 설치된 브레이스 는 들보의 하중을 기둥에 전달시켜 주어 이러한 경우에서 필수적인 구성요소이다. 주로 니 브레이스(knee brace)는 하중의 지탱이 아닌 프레임의 형태를 유지하기 위 해 쓰인다. 물론 하중의 일부는 언제나 브레이스로 전달되기는 하지만 하중 분산을 위해 브레이스에 의존하기보다는 안전한 구조 설계의 일부로써 보는 것이 더욱 적합 하다.

아치형 브레이스 트러스는 기둥을
트러스의 일부로 설계하여 기둥과
접합부분에 작용하는 힘의 방향을
수평에서 수직으로 바꿔준다.
오송현장(화성팀버프레임 설계·시공)

오래된 고재를 사용해 클래식한 분위기를 연출해 냈다. 슬링브레이스와 스트럿 적용해서
서까래 하중을 기둥으로 전달시켜 줬다. 오송현장(화성팀버프레임 설계·시공)

　지금까지 팀버프레임 구조의 기본적인 구성요소들을 살펴봤다. 물론 모든 사례에
는 예외 사항이 있으며 모든 예외 사항에는 또 새로운 사례가 있다는 것을 알아야
한다. 위에서 다루지 않은 다양한 설계 방식이 존재하는 것은 사실이지만 기본적인
구조 원칙은 대부분의 경우 동일하게 적용된다. 이는 경험이 쌓이고 더 많은 건축물
을 관찰할수록 더욱 드러날 것이다. 사람들이 본능적으로 좋은 건축 구조를 변별할
수 있다고 생각한다. 결국 이 선천적 잠재력을 발현시키는 것이 숙제이지만 변별할
수 있다는 것은 발현시킬 수 있다는 말과 같다는 것을 잊지 말자.
　이제부터 더욱 다양하고 좀 더 구체적인 팀버프레이밍에 대해서 알아볼 것이다.
특히 접합기법에 대해서는 좀 더 시간을 할애해 보자. 접합기법이야말로 팀버프레이
밍에 핵심요소이기 때문이다.

벤트 프레이밍은 건축가가 자유롭게 필요한 주거공간을 설계하고 정의할 수 있게 해주는 캔버스와도 같다. 한편 프레임의 접합기법은 마치 음표처럼 건축물에 세부적인 패턴과 특징을 더해준다. 벤트 설계의 구조적 원리를 이해하고 다양한 접합기법 양식을 섭렵하는 것이야말로 팀버프레이밍에 종사하고자 하는 자들의 목표가 되어야 한다.

양평에 지어진 웨딩홀이다. 시져빔을 가로지르는 타이빔이 새롭다
(화성팀버프레임 설계·시공).

도브테일 접합기법(dovetail joinery)은 프레임 내의 구조물들, 즉 플로어 조이스트(floor joist), 서머 빔(summer beam), 그리고 중도리를 연결하는 데 가장 흔하게 사용되는 기법이다. 이를 1위해서 필요한 첫 번째 요구사항은 먼저 건물 외벽과 마루에 못을 박을 수 있는 구조를 만드는 것이다. 두 번째 요구사항은 프레임 전체의 안정성 측면에서 더욱 중요한 것으로 주요 벤트 구조물을 단단하고 확실하게 연결하는 것이다. 도브테일은 프레임의 인장력을 버티는 훌륭한 접합기법으로 구조물이 단단히 접합되어 있다면 플로어 조이스트와 중도리를 안정적으로 붙잡아 준다.

도브테일 기법은 단순 웻지 도브테일(simple wedged dovetail), 하우스 도브테일(housed dovetail), 그리고 숄더 도브테일(shoulder dovetail) 세 가지로 나눌 수 있다. 물론 하나의 조인트에 2개 이상의 양식이 사용될 수도 있다.

화천 프로젝트 도브테일 기법(복합적인 도브테일 기법. 웻지에 숄더를 더했다)

단순 웻지 도브테일(simple wedged dovetail)

오늘날 가장 흔히 쓰이는 도브테일 기법으로 안정적인 팀버프레임을 위한 구조적 요소를 모두 갖추고 있다.

도브테일은 플로어 조이스트를 연결하고 거트(girt), 지붕들보, 서머 빔, 중도리를 서까래와 접합시키는 데 이상적인 기법이다. 단순 도브테일을 위해 적합한 장부촉의 길이는 50mm~70mm이지만 들보 두께의 3분의 1 크기로 설계하는 것이 일반적으로는 좋다.

접합부분의 원활한 손질을 위해 장부촉의 실제 넓이는 장부홈보다 더 작아야 한다. 장부촉 양쪽 면에 새겨진 웻지는 접합부분을 깔끔하고 딱 맞게 만들어 주며 접합되는 구조물을 모두 단단히 고정시켜 준다. 장부촉의 숄더 컷은 날카로운 칼로 새겨지며 끌로 손질을 한다. 이는 목재가 접합하는 면을 평평하고 꼭 들어맞게 해준다. 또 접합과정에서 정확한 작업을 위해 목재의 사각형을 확인할 필요가 있다.

(서까래의 단순 도브테일 장부홈의 두께는 들보 두께의 8분의 5를 넘어가면 안 된다.
단순 도브테일 기법)

하우스 도브테일(housed dovetail)

하우스 도브테일은 접합을 시키려는 목재 구조물 전체를 다른 목재에 파여진 홈으로 고정하는 단순한 기법이다. 장부이음에서 사용되는 비율이 여기서도 동일하게 적용된다. 하우스 도브테일의 깊이는 25mm 정도 된다. 하우징 기법을 사용하는 데에는 시각적인 이유가 가장 크지만 이런 기법이 구조적인 안정성을 제공해 주는 경우도 있다. 이런 경우 도브테일의 깊이는 최소 25mm가 되어야 한다. 가장 중요한 것은 장부촉과 목재의 절단면이 평평하여 동시에 접지할 수 있도록 하는 것이다. 만약 목재의 밑바닥이 하우스의 절단면에 먼저 접지하게 되면 하중이 접합부분에 부담을 줄 위험이 있고 장부촉의 바닥이 목재와 먼저 닿는다면 목재의 바닥은 서로 접지하지 않게 되어 시간이 갈수록 불안정해진다. 따라서 장부촉의 바닥면보다 목재의 바닥면이 조금 더 먼저 닿는 것이 이상적이다. 약간의 타이트함은 오히려 시간이 지나고 목재가 수축함에 따라 오히려 접지면이 딱 맞게끔 해준다.

하우징에 설치되는 목재의 접지면이 완벽한 사각형임을 확인하는 것이 매우 중요하다. 이때 목재의 측면과 하단면 모두 고려해야 한다. 스퀘어 작업이 끝나면 목재의 정확한 측정을 통해 이를 하우징 장부홈에 적용해야 한다. 하우스로써 기능하는 장부홈은 홈에 설치되는 목재보다 조금 작게 설계되어야 한다(수축에 대한 예상치·수종에 따라 다르고 건조상 때에 따라 다르다). 하우징에 사용되는 목재는 칼로 섬세하게 손질해야 하며 끌로 다듬는 작업이 필수적이다. 목재가 홈에 수월하게 들어가는 것을 위해서는 하우징의 윗부분이 조금 넓어져야 한다(시각적으로 보이지 않는 부분).

도브테일을 조립할 때는 신중한 작업이 필요하다. 목재가 약간 압축되는 것이 좋지만 마찰이 너무 심해져 테이링(tearing)이 발생하면 목재를 가볍게 들어올려 접지면을 다듬어야 한다. 가장 좋은 방법은 하우스를 조금 작게 파고 목재를 각각 손질하면서 조립하는 것이다. 이는 시간이 걸리지만 완벽하고 정확한 작업을 위해서 충분히 노력을 들일 가치가 있다. 하우스 도브테일을 설계할 때 목적은 마치 목재가 자연스럽게 접합면으로부터 자라난 것처럼 보이게 만드는 것이다. 이는 곧 하우스 도브테일의 존재 의의이기도 하다.

하우징은 상당한 작업량을 요구하고 완벽하게 설계된 경우에도 목재가 수축됨에 따라 접합면에 빈 공간이 생길 가능성이 농후하다. 따라서 수축을 최소화하기 위해 오래되고 건조한 목재를 사용하는 것이 좋다.

수축이 작용하는 방향을 화살표로 표기해 놓았다.

숄더 도브테일(housed dovetail)

숄더 도브테일은 서머 빔(summer beam)처럼 집중된 하중, 혹은 부가적 하중을 받는 구성원을 접합할 때 사용되는 기법이다. 이는 숄더 기법이 하중을 접합하는 목재들로 분산시켜 주기 때문이다. 이는 곧 장부촉에 작용하는 인장력의 부담을 덜어주고 장부홈의 안정성을 유지시켜 준다. 이단 장부촉 중 윗부분은 웻지 기법을 사용해 목재를 보다 단단히 고정시켜 주며 수평적 접지면 둘 모두 동시에 목재와 닿는 것이 중요하다. 숄더의 길이는 25mm 정도, 도브테일 부분의 길이는 50~70mm 정도가 적합하기에 장부촉의 총 길이는 70~100mm 정도가 된다. 도브테일은 주로 80mm 두께를 가지며 숄더는 목재의 바닥으로부터 50mm 이내에서 설치되어야 한다. 각 부분의 비율은 4분의 3법칙을 따라도 무방하다. 즉, 들보와 장부홈, 장부촉의 비율을 계산할 때는 일반적으로 다음과 같은 가이드라인을 따른다. 장부촉의 두께는 접합하는 목재 두께의 4분의 3 이상 이어야 하며 장부홈의 두께는 접합하는 목재의 두께의 8분의 5 이하여야 한다. 여기서는 이를 4분의 3과 8분의 5 법칙이라고 부른자. 이는 단순히 목재 접합부분의 설계뿐만 아니라 프레임 전체에 적용할 수도 있다. 사실 아주 단순한 접근이지만 많은 시공을 통해 얻은 노하우이고 공학적으로도 말이 된다.

4분의 3과 8분의 5 기준. 지간이 24피트, 12인치 두께의 지붕들보, 평균 베이가 15피트짜리인 벤트 프레이밍을 설계한다고 가정해 보자. 또한 베이를 2개의 서머 빔으로 나누어 8*15 피트 면적의 공간 3개로 나눌 것이다. 8분의 5 법칙을 사용하여 지붕들보 측면의 장부홈 두께를 계산했다면 4분의 3법칙을 사용하여 서머 빔의 최대 두께를 계산할 수 있다. 지붕들보의 장부홈의 두께를 구하기 위해서는 지붕들보의 두께에 8분의 5를 곱하면 된다. 따라서 위의 경우 장부홈 위치의 최대치는 목재 상부로부터 7.5인치이다. 이를 다시 4분의 3으로 나누면 서머 빔의 최대 두께를 알 수 있다. 위의 경우에서 이 값은 10인치이다. 물론 지붕들보에 하중을 좀 더 집중하기 원한다면 9인치 들보를 사용할 수도 있다. 대부분의 경우 들보의 넓이는 12인치이기 때문에 위의 경우에는 12*9인치의 스트로브잣나무 목재가 적당할 것이다. 다음은 이렇게 계한한 들보의 깊이에 4분의 3을 곱해 장부촉의 두께 최소치를 계산할 수 있다. 위의 예시에서 이는 6.75인치이다. 이를 약 7인치로 늘리면 보다 안정적인 장부촉을 설계하는 것과 동시에 장부홈의 최대 두께인 7.5인치를 넘지 않기에 적합하다. 또한 이는 장부촉의 숄더부분이 빔의 밑바닥으로부터 2인치 거리를 유지할 수 있게 해준다.

　다음은 같은 과정을 거쳐 플로어 조이스트와 접합 비율을 구하는 것이다. 서머 빔의 장부홈 최대 두께는 9인치에 8분의 5인 5.625인치로 즉 5에서 5.5인치가 적합하다. 장부촉을 5인치로 가정한다면 조이스트 최대 두께는 이를 4분의 3으로 나눈 6.6인치이다. 위에서 서미 빔의 장부홈의 위치를 5인치로 줄였다면 조이스트 두께는 7인치 정도가 적합하다. 물론 필자는 목재의 휘어짐을 고려하여 이를 6인치로 줄일 수 있을지 먼저 고려할 것이다.

　따라서 위의 공식을 사용하여 12인치 두께의 지붕들보를 기준으로 서머 빔의 두께, 조이스트의 두께를 알아냈다. 이는 목재가 지붕들보와 플로어 조이스트 사이에 설치되는 목재의 경우 2에서 3인치의 여유를 가져야 한다는 것을 의미한다. 건축물의 전체적인 균형을 유지하기 위해서는 이를 이해한 것이 매우 중요하다. 필자는 서머 빔과 조이스트의 깊이를 가능한 최소화하는 것을 추구한다. 다음 과정은 이렇게 구한 목재의 크기가 하중을 충분히 견뎌낼 수 있는지이다.

　　서머 빔, 12*9: H = 55.1 psi(바닥에 위치한 스퀘어 장부촉을 고려한 수치이다),
　　D = 0.5, Dallow = 0.75
　　플로어 조이스트, 6*6: H = 24 psi, D = 0.085, Dallow = 0.4
　　(H는 수평으로 작용하는 힘, D는 휘어짐 정도, Dallow는 허용 가능한 범위 내
　　휘어짐을 의미한다)

　　　　　　　　　　　　　　　　　　　　　　　　　(출처 *timber framer's workshop*)

　위의 수치들은 모두 안전한 범위 내에 있으므로 예시의 프레임은 하중을 안정적으로 지지할 수 있을 것으로 보인다.

안성 프로젝트 써머빔. 플로워 조이스트에 하우스 도브테일 공법이 사용되었다
(화성팀버프레임 설계·시공).

소핏 및 터스크 장부촉(soffit and tusk tenon). 팀버프레임의 주요 구성요소의 접합기법을 논하면서 소핏과 터스크 장부촉을 빼놓을 수 없다. 소핏과 터스크라는 용어는 목재의 아랫면에 수평으로 위치하는 형태의 장부촉을 의미한다.

소핏 장부촉은 중도리나 플로어 조인트처럼 비교적 작은 목재들을 팀버프레임의 주요 구조물에 고정시키기 위해 사용된다. 터스크 장부촉은 써머 빔이나 지붕들보와 같이 보다 큰 목재를 위해 쓰인다. 아래의 사진은 숄더 터스크 장부촉을 보여준다. 두 장부촉 모두 보다 강한 접합부분을 제공해 주는데 이는 노치(notch)가 거의 전무하다시피한 완전한 접착면을 가능케 하고 장부홈이 파여진 주요 구조물의 경우는 다른 장부홈과는 달리 상부의 나뭇결이 온전히 살기 때문에 하중에 저항력이 더 강해지고 휘어짐을 방지할 수 있기 때문이다. 따라서 이러한 장부촉을 사용할 때는 목재가 약해질 걱정을 하지 않아도 되며 이는 하중 계산을 할 때도 고려해야 하는 사항이다.

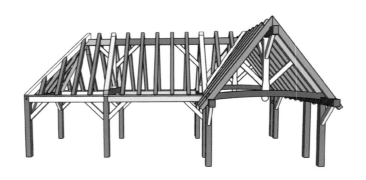

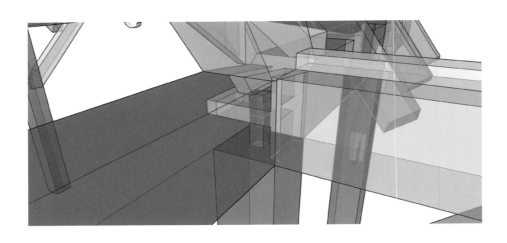

지붕들보와 서머 빔을 숄더 터스크 장부촉으로 연결하였다. 하단 숄더는 30mm며 지붕
들보 두께의 8분의 5 이하로 손질되었는데 기둥에 직접적으로 지지를 받기 때문이다.
소핏 장부촉 기법.

하지만 이런 유형의 조인트의 단점은 조립하는 과정이 까다롭다는 것이다. 도브테
일 기법은 벤트 프레임을 설치하고 안정적으로 고정시킨 이후 설치가 가능한 반면
터스크 장부촉은 벤트 프레임을 설치하는 동시에 한 번에 같이 조립해야 한다. 이는
많은 일손을 필요로 하고 더욱 위험하다.

그럼에도 불구하고 이러한 접합양식이 적합한 상황이 두 가지가 있다. 하나는 플로

어 조인트를 서머 빔으로 연결시킬 때 서머 빔의 한쪽 끝이 드롭 인 도브테일(drop-in dovetail)이거나 월 플레이트 위에 위치했을 때이다. 아마 가장 적절한 사용법은 위 사진처럼 숄더 도브테일 대신 서머 빔을 지붕들보에 잇는 용도일 것이다.

　일반적으로 서머 빔이나 대서까래, 지붕들보의 측면에 파지는 장부홈은 주로 목재의 상부에 위치하게 된다. 수평 전단 응력은 목재 중앙축에서 최대로 발생하고 상단과 하단으로 갈수록 제로에 가까워진다. 이 중앙축은 이론적으로 들보의 수평적 중심에 위치해 있다. 이 중앙축에서 전단력이 가장 많이 작용하는 만큼 이곳에서 건축 실패가 가장 잘 발생한다. 수평으로 작용하는 전단력이야말로 들보가 손상을 입는 가장 큰 이유이기도 하다. 여기에 중앙축 아래쪽에 장부홈이 설치된다면 안 그래도 취약한 들보에 수직으로 작용하는 힘까지 작용하게 되며 실패 확률은 매우 커진다.

　이런 관점에서 본다면 팀버프레임의 설계는 특정 조건에서 발생하는 평균적인 현상을 바탕으로 이루어져야 한다. 이러한 조건에는 들보의 넓이와 두께 비율, 지지대의 종류, 하중 조건, 들보의 물리적 특성(나무의 종류, 나무결의 패턴, 수분 함유량, 결

함 등), 그리고 조인트 등이 있다. 연구결과에 따르면 같은 비슷한 종류와 품질의 목재라도 크기가 다르면 같은 조건 아래에서 다른 현상을 보이는 것이 발견되었다. 다음은 팀버프레임의 구성원에 장부홈을 설치하는 데 있어 유용한 가이드라인이다.

넓이와 두께 비율이 1:2에서 3:4인 200mm에서 350mm 두께의 들보의 경우 수직으로 작용하는 하중은 무게가 커질수록 하중을 받는 면이 아닌 전체 두께의 3/1 지점만큼 떨어진 부분이 가장 큰 하중을 받게 된다. 따라서 중앙축 역시 사실상 아래로 이동하게 된다. 즉, 200mm 넓이와 300mm 두께를 가진 들보의 경우 최대 하중을 받는 지점이 목재의 윗면에서 100mm 떨어진 200mm 지점이 되고 따라서 중앙축도 자연스럽게 150mm 지점이 아닌 200mm 떨어진 100mm 지점에 위치하게 되는 것이다. 들보에 설치하는 장부홈이 목재 전체 두께의 8분의 5를 넘어가면 안 되는 이유 역시 바로 이렇게 이동한 중앙축의 위에 장부홈이 설치되게끔 하기 위해서이다. 300mm 이상의 두께를 가진 목재의 경우에는 두께가 늘어날수록 파열값(modulus of rupture)이 줄어드는 현상이 일어난다.

물론 이는 정해진 기준은 아니지만 대부분의 경우 건축물의 설계 요구사항을 충족할 뿐만 아니라 미관상으로 보기도 좋기에 권하는 방법이다.

다시 한번 언급하지만 이런 것들은 개념을 이해하는 것만으로도 충분하다. 인상적인 건축물들을 보고 따라 할 수도 있고 따라 할 수 있는 결과물이 있기 때문이다.

앞서 장부홈의 위치는 들보 전체 두께의 8분의 5가 넘어가면 안 된다는 것을 이해했다. 또한 숄더 도브테일(shouldered dovetail)과 장부촉의 위치, 들보의 크기를 구하기 위한 4분의 3 원리를 살펴보았다. 이를 보다 완전히 이해하기 위해서 다른 예시를 살펴보자.

구조적으로 또 미관적으로 플로어 조이스트를 2.4m 길이로 맞추는 것이 좋다. 만약 2.4m가 넘어간다면(3.6m 정도가 주로 플로어 조이스트의 최대 길이이다) 더욱 긴 목재로 조이스트를 가로지르고 사이사이를 더 작은 조이스트로 채우는 것이 좋다. 하중을 받는 플로어 조이스트나 중도리의 크기를 결정할 때는 허용 가능한 범위의 휘어짐(deflection) 정도를 고려하는 것이 좋다 아무리 하중이 허용 범위 내에 있다고 하더라도 마루가 굴곡질 수 있다는 것을 알아야 한다.

이를 염두에 두고 들보의 휘어짐 정도는 같은 크기의 들보의 길이의 세제곱에 비례하고 그 두께에 세제곱으로 반비례한다는 것을 알아야 한다. 즉, 들보의 길이를 2m에서 3m로 1.5배 늘린다면 목재가 휘어짐은 1.5의 세제곱인 3.375배로 늘어나며 반대로 들보의 두께를 1.5배 늘린다면 3.375분의 일로 줄어든다. 따라서 들보의 길이를 늘린다면 두께를 같은 비율로 늘려 휘어짐을 방지할 수 있는 것이다. 예로 760mm 간격으로 설치된 2.4m 길이의 150*150mm의 더글라스퍼 조이스트는 2.2mm, 휘어진다. 같은 조건에 3.6m 길이의 조이스트는 11mm, 휘어진다. 물론 이 정도는 구조적으로 문제는 없지만 관찰자들이 쉽게 눈치챌 수 있을 정도로 미관상 좋지 않다. 따라서 150*200mm 조이스트를 쓴다면 휘어짐 정도가 4.5mm 정도로 줄어든다. 주로 설계자들이 쓰는 기준은 1층의 경우 구조물 길이의 360분의 1, 2층의 경우에는 240분의 1이다. 따라서 허용 가능한 범위를 구하기 위해서는 단순히 조이스트의 길이에 위의 값을 곱하면 된다(따라서 3.5m 조이스트의 경우 2층은 15mm, 1층은 10mm가 최대 허용범위가 될 것이다).

한걸음 나아가서 3.6m의 조이스트가 전체 플로어 시스템에 미치는 영향을 생각해 보자. 앞서 우리는 230mm 두께의 서머 빔에 위치하는 장부홈은 두께는 140mm 이내에 위치해야 한다는 것을 배웠고 조이스트의 경우에는 이를 4분의 3으로 나누면 약 180mm 정도의 두께가 나온다. 그러나 우리는 앞서 3.6m 길이의 조이스트의 휘어짐을 최소화하려면 200mm 두께의 조이스트가 필요하다는 것을 배웠다. 따라서 서머 빔의 두께를 250mm로 늘려 다시금 계산해 볼 것이다. 이 경우 장부홈의 최대 두께는 약 160mm가 되며 이를 4분의 3으로 나누면 200mm가 나온다.

이는 충분히 허용범위 안이기 때문에 비교적 안정적이라고 볼 수 있다. 그러나 개인적으로 서머빔이 허용범위 안이라고 하더라도 12mm 이상 휘는 것을 별로 선호하지 않는다. 이는 결국 플로어 조이스트가 8피트를 넘어가면 일어나는 현상이다.

디플렉션 법칙

1) 디플렉션 값은 들보 길이의 세제곱에 비례한다. 즉, 스팬이 3배 늘어난다면 디플렉션 값은 27배 늘어날 것을 예상할 수 있다.

2) 디플렉션 값은 들보의 넓이와 반비례한다. 넓이가 3배 늘어나면 디플렉션은 3배로 약해진다.

3) 디플렉션 값은 들보의 두께 세제곱에 반비례한다. 즉, 들보가 3배 두꺼워지면 디플렉션은 27배 약화된다.

디플렉션 값(deflection value)는 건조한 목재를 기반으로 하는 공식을 이용해 추출된다. 그린 팀버(green timber) 같은 경우는 하중을 받으면서 건조 과정을 거치기에 건조한 목재에 비해 50% 정도ㅈ 더 휘며 따라서 장기적으로 볼 때 하중에 더 취약하다. 다른 습기가 있는 나무도 수분 함유량에 비례하여 하중에 따른 휘어짐 정도가 달라진다. 따라서 하중을 받기 전에 목재를 약 12에서 16주간 건조 과정을 거치는 것이 좋다. 그린 팀버의 경우에는 디플렉션 값을 구하기 전에 최대 디플렉션 허용 값을 50%로 줄여서 구하는 것이 좋으며 수분을 함유하고 있는 목재의 경우에도 그에 비례하여 공식을 수정할 필요가 있다. 이런 휘어짐 현상은 서머빔처럼 더 크고 긴 목재일수록 유의해야 한다.

건축물의 기조부분에 설치되는 들보에 대한 가장 기본적인 법칙은 들보에 수평으로 작용하는 힘이 장부촉의 두께를 구성원의 두께로 나눈 값의 제곱에 비례한다는 것이다. 즉, 수평으로 작용한 힘의 크기를 Hz라고 했을 때 $Hz = (d/h)2$이다. 만약 들보의 반 정도 두께의 장부촉이 설치되었다면 들보가 받는 수평적 인장력으로 인한 들보의 강도는 정상 범위의 25%에 지나지 않으며, 들보의 4분의 3 두께를 가진 장부촉이 설치되었다면 장부촉이 없는 들보에 비해 56%의 강도를 지니게 된다. 즉, 장부촉의 두께가 작아질수록 들보가 인장력을 버티는 힘은 급격하게 줄어든다는 것을 명시해야 한다. 이는 장부촉의 최소 두께가 들보의 4분의 3이 되어야 하는 이유이기도 하다.

만약 구조물에 작용하는 수평적 힘의 크기를 구하려면 아래 그림에 표기된 공식을 이용해 힘의 크기를 구한 다음 위의 값을 빼면 된다. 그림에는 직접 이 힘의 크기를 구하는 공식 역시 같이 표기되어 있다. 4분의 3 공식의 핵심은 결국 장부촉의 두께와 들보의 두께 비율이 3:4 이하가 되면 안 된다는 것이다.

장부촉에 작용하는 수직적 힘의 크기를 구하는 공식은 그림에 표기되어 있다. 이 공식은 장부촉에 심각한 피해를 줄 수 있는 직접적인 수직적 전단력의 크기를 계산한다. 허용 가능한 범위의 힘의 크기를 구하기 위해서는 이 값을 다시 8로 나누어 줘야 한다. 물론 수직으로 작용하는 전단력에 의한 건축 실패가 수평적 인장력에 의한 건축실패를 선행하여 발생하는 경우는 없지만 다양한 종류의 리스크를 염두에 두고 있을 필요는 있다.

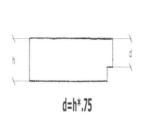
$$d=h*.75$$

아래 부분에 노치(notch)를 받은 들보의 수평전단력 저항력은 $Hz =(d/h)2$의 공식을 따라 장부촉 두께(d)와 들보 목재 두께(h)의 비율의 제곱으로 인해 결정된다(좌). 이 비율은 목재 두께의 75% 이상이어야 한다. 도브테일 조인트는 8분의 5, 그리고 4분의 3공식을 따라 설계되어야 한다(우). 플로어 조이스트의 간격은 목재 중앙을 기준으로 750mm가 표준이며 스팬은 2.4m를 넘어가지 않도록 하여 시각적으로 편한 균형을 이루고 구조적인 안정성을 확보한다. 중도리는 보통 중앙을 기준으로 48인치 간격으로 설치된다.

또 목재를 최적치보다 더욱 두껍게 설계할 필요가 있을지 의구심을 가질 수도 있을 것이다. 그러나 두 가지 이유로 이것이 필요하다고 생각하는데 첫 번째는 구조적 안정성을 위해서이다. 들보의 강도 자체는 목재의 넓이, 두께, 길이와 목재 특유의 물리적 특성에 따라 달라지지만 장부촉과 들보의 두께 비율과는 관계가 없다. 목재가 더 두꺼울수록 휘어짐에 대한 저항력이 더욱 커지며 만약 수평 그리고 수직으로 작용하는 전단력에 저항하기 위한 들보와 장부촉을 설계하고 싶다면 먼저 목재의 개수, 넓이, 두께 등을 늘려 목재의 전체적인 강도와 디플렉션에 대한 저항력을 올리는 것이 적합하다. 두 번째는 이유는 미관적인 비율인데 필자는 이를 팀버프레임의 아름다움 중 하나라고 생각한다.

따라서 팀버프레임 설계 과정에서 4.8m 보 기준, 2.4m조이스트 기준, 4분의 3 및 8분의 5기준을 따른다면 언제나 안정적인 범위 내의 구조물 설계가 가능할 것이다.

2층 플로어를 설계할 때는 조이스트의 크기와 간격, 접합기법의 구체적 사항에 대한 가이드라인을 따라야 한다. 이를 통해 구조적으로 안정적인 플로어를 설계할 수 있다. 또 이를 통해 미적으로 보기 좋고 살기 편안한 주거공간 역시 설계할 수 있다.

플로어 조이스트와 중도리 배열

팀버프레이밍은 표준화된 건축 방식이 아닌 만큼 창의적인 설계가 가능한 건축분야이다. 즉, 플로어 조이스트나 중도리 간격을 결정할 때 12인치나 24인치 표준에 집착할 필요는 없는 것이다.

중도리는 주로 목재의 중심 기준으로 4피트 간격으로 배치된다. 이는 일차적으로는 후공정을 위한 것이지만 지붕은 마루와 달리 사람들이 돌아다니지 않기에 역동적인 하중 및 진동을 견딜 필요가 없기 때문이기도 하다. 따라서 오로지 최대 하중에 의해 가해지는 부담만 고려하면 된다.

실용적 가이드라인

1) **4.8m 이상의 들보는 반드시 지지대가 필요하다.** 앞서 살펴보았듯이 들보의 강도를 결정하는 데는 다양한 요소들이 있다. 가장 중요한 고려사항은 휘어짐의 정도가 들보의 길이의 세제곱에 비례한다는 것이다. 여기에 목재에 있는 결함, 장부촉, 수분 함유량, 장부홈 등을 계산에 넣으면 지지대가 없는 들보의 최대 길이는 약 4.8m라는 것을 확인할 수 있다. 단순보(simple beam)는 양쪽 끝에서 지지를 받으며 하중을 지탱하는 들보를 말한다. 4.8m 법칙에 따르면 만약 이 단순보의 길이가 4.8m를 넘어서게 되면 부수적인 구조물을 설치하여 들보의 어떤 부분도 4.8m를 넘지 말아야 한다. 이는 서까래, 지붕들보, 그리고 하중을 지탱하는 모든 수평적 구조물에 적용된다. 예를 들어 4.8m가 넘는 서까래는 칼라타이(collar tie)나 퀸 포스트(queen post)를 필요로 하며 9.8m 길이의 지붕들보는 중앙에 기둥 하나를, 14m 길이의 지붕들보는 2개의 기둥을 필요로 한다. 이때 들보 자체의 크기는 수정할 필요가 없다.

2) **장부촉의 길이는 목재 두께의 3분의 1 이상이어야 한다.** 목재의 장부홈의 두께와 장부촉의 길이의 균형을 섬세히 맞추는 것이 매우 중요하다. 만약 장부촉이 너무 길면 장부홈이 설치된 구성원들이 약해지며 반대로 장부홈이 너무 짧으면 수

평 및 수직 전단력을 견디기 어려워진다. 일반적인 방법은 들보 두께의 약 3분의 1 정도 길이의 장부촉을 만드는 것으로 이는 주로 0.25에서 0.5인치 정도가 된다.

3) **장부홈의 두께는 들보의 상단으로부터 8분의 5를 넘어서면 안 된다.** 앞서 설명했듯이 장부홈의 두께가 들보 상단 기준으로 두께의 8분의 5 이하일 때 들보의 중앙축 위에 위치하게 되어 안정적인 프레이밍이 가능해진다. 만약 들보에 하중이 집중된다면 계산이 달라지는데 이는 나중에 보다 자세히 다룰 것이다. 하중의 대부분을 담당하는 지붕들보 같은 구조물들이 저항력이 충분히 있는지를 가장 먼저 확인해야 한다. 이를 위해서 설계 과정에서 항상 고려하는 벤딩(bending) 수평 전단력, 디플렉션(deflection) 값을 구하는 공식을 따라야 한다.

4) **장부촉의 두께는 목재 두께의 4분의 3을 넘어야 한다.** 들보 아래쪽에 장부촉이 설치된다면 들보의 중앙축은 자연스럽게 상단으로 이동하게 된다. 이는 들보의 수직 그리고 수평적 전단력에 대한 저항력에 영향을 미치게 된다. 물론 수직적 전단력에 의한 건축 실패가 일어날 가능성은 지극히 낮지만 장부촉이 설치된 들보의 경우 그 가능성이 상당히 올라가는 것은 사실이다. 들보의 저항력은 $V = P/2$ 이라는 공식을 사용하여 구할 수 있는데 이 저항력이 수직 전단력의 크기를 넘어서야 한다. 예시로 두께의 약 반 정도 되는 장부촉이 부착된 150*150mm 목재의 경우 최대 230kg의 수직적 하중을 지탱할 수 있는 반면 장부촉이 두께에 4분의 3에 달하는 목재는 거의 2배에 달하는 450kg의 하중을 지탱할 수 있다. 이는 특히 목재에 결함이 있는 것으로 판단될 때 중요해진다. 두 번째 요소인 수평적 전단력에 대한 내성은 $Hz = (d/h)2$ 공식에서 확인할 수 있듯이 장부촉과 들보의 두께 비율의 제곱과 비례한다. 다이어그램 4.13에 있는 공식을 통해 들보가 받는 힘의 크기를 직접적으로 구할 수 있다. 중요한 것은 수직적 힘과 수평적 힘에 대한 들보의 내성이 장부촉의 두께에 따라 변동하며 그 비율이 4:3 이상일 때 비로소 안전범위를 확보할 수 있다는 것이다.

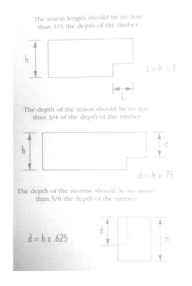

(출처 timber framer'sworkshop)

광주 퇴촌 프로젝트
(화성팀버프레임건축 설계·시공)

일반적 고려사항

들보의 하중과 목재의 물리적인 특성을 위한 공식은 대부분 장부홈이 없는 온전한 목재를 기반으로 한다. 따라서 결함이 있는 목재나 작업 과정에서 오류를 반영하여 충분한 허용범위를 염두에 두는 것이 좋다. 장부홈의 경우는 그 안에 들어가는 장부촉이 수직적 전단력을 감당할 수 있을 정도의 저항력을 가지면 역시 문제가 되지 않는다(도브테일에 웻지(wedge)가 중요한 이유도 이것이다). 물론 엔지니어들은 이를 계산에 포함하지 않는다. 즉, 만약 180mm*240mm 들보의 양면에 50mm 깊이로 장부홈이 들어간다면 목재의 크기는 150mm*240mm로 계산된다는 것이다. 이는 상당히 합리적인 계산법인데 설계자는 목재 건축가의 솜씨를 모를 뿐 아니라 목재 역시 강도 등급이 매겨지지 않는 경우가 대다수이기에 최악의 경우를 상정하는 것이 바람직하다.

위에서 다룬 실용적인 가이드라인은 시각적으로 훌륭한 팀버프레임 비율을 맞출 수 있도록 해줄 것이다.

소규모의 집에 목재 천장을 설치하면 주거
공간을 물리적으로 분리하지 않아도 된다.
사진은 청주프로젝트이다(2017년).

스트럿과 브레이스에는 다양한 형태가 존재한다.
위 사진은 양평 프로젝트 프레임에 쓰인 킹포스트 스트럿이다.

건축가와 엔지니어들은 주로 팀버프레임을 브레이스 프레임이라고 부르는데 꼭 틀린 말은 아니다. 팀버프레임이란 결국 수평 및 수직으로 교차되는 목재들을 대각선 브레이스가 지지하여 형태를 유지하는 것이기 때문이다. 또 이러한 용어는 팀버프레임의 안정성은 인클로저(enclosure)나 벽면 시공 없이도 이러한 기본 요소만으로도 충분하다는 것을 암시한다. 팀버프레임의 시각적 아름다움은 이러한 구조적 안정성의 부산물일 뿐이다. 이는 아마 브레이스를 이용한 팀버프레임이 천 년이 넘는 기간 동안 존속된 이유이기도 하다.

다른 모두 구조적 프레임과 마찬가지로 팀버프레임은 구조의 안정성을 유지하고 무너지지 않는 것이 목표이다. 이를 가능하게 만드는 것은 브레이스이다. 팀버프레임의 다른 주요 구성원들이 수직으로 작용하는 하중을 저항하기 위해 만들어진다면 브레이스의 용도는 지진 및 바람 등 수평으로 작용하는 외부의 힘을 저항하는 것이다. 우리에게 익숙한 전통적인 팀버프레임은 수백 년에 걸친 실험을 걸쳐 나온 결과물이다. 프레임에 작용하는 수직적 힘을 저항하는 데 중요한 요소는 구조적 구성원의 크기, 자재의 종류, 숫자 그리고 프레임 내에서의 위치이다. 자재가 오크나무이든 소나무이든, 혹은 현대 고층 건물의 철근이든 같은 공학 원칙이 적용된다. 그러나 이는 전체 설계의 일부분에 지나지 않는다. 설계자는 건축 구조물의 작동 원리를 이해하기 위해 이를 하나의 전체적 유닛으로 바라보고 이에 작용한 힘의 총합을 분석해야 할 필요가 있다. 비록 라이브 로드(live road)와 데드 로드(dead road)는 수직으로 작용하지만 건축물에 작용하는 힘의 총합은 수평으로 작용하는 눈, 바람, 지진 등의 다른 종류의 힘도 포함한다. 바로 이러한 수평적 힘에 저항하여 건축물의 안전성을 더하는 것이 브레이스의 역할이자 존재 의의이다. 수직 하중을 저항하기 위한 단순 들보의 크기를 결정하는 것은 비교적 단순하지만 건축물에 전체적으로 작용하는 힘과 이로 인한 건축 구성원들 사이의 관계를 이해하는 데에는 공학에 대한 상당한 견문을 필요로 한다.

전형적인 니브레이스의 배치 기둥 상단 3분의 1 지점에 위치해 있으며
수평 구조물과 45도 각도로 연결되어 있다.

운이 좋게도 우리에게는 브레이스와 브레이스 기법에 대해 알려줄 팀버프레임의 풍부한 역사와 그에 따라 오랫동안 축적된 경험적 지식이 있다. 따라서 상당히 복잡한 계산을 하지 않아도 충분히 안정적인 브레이스를 설계할 수 있는 실용적인 가이드라인들을 도출해 낼 수 있다.

전형적인 프레임 건축은 외부 골조를 덮는 덮개(sheathing)를 브레이스 삼아 사용하여 의존한다. 이는 합판(plywood and diagonal board)이나 캘리포니아 브레이스(구조물의 외부 목재와 일치되어 설치되는 형식의 판재. 필자는 2*8구조재를 V홈 가공해서 루바형태로 쓴다) 등을 포함한다. 실직적으로 이런 형태의 벌룬 프레이밍(balloon framing)은 상당히 직관적이며 대부분의 건축가들은 해당 건축물에 적합한 형태의 브레이스를 고안하는 것을 어려워하지 않는다. 마찬가지로 과거의 건축가들도 어느 곳에 브레이스를 설치하는 것을 복잡하게 생각하지 않았다. 그들은 단순한 하나의 법칙을 따르는데 바로 수직과 수평 구조물이 만나는 모든 곳에 브레이스를 설치하는 것이었다.

물론 이러한 법칙은 구조물의 남발 및 과잉으로 여겨질 수 있다. 하지만 이것이야말로 브레이스의 목적이며 실제로 브레이스는 건축 역사상 첫 번째 구조적 과잉(redundancy)의 예일 것이다. 근대의 건축 프레임에는 이러한 건축적 과잉이 매우 중요한 법칙으로 자리 잡았다. 공학적 관점에서 과잉이란 구조물의 특정 부분의 붕괴에 대비하여 필수적이지 않는 건축 구성원을 투입하는 것을 의미한다.

즉, 이 정의에서부터 브레이스는 꼭 필수적인 것이 아니라는 허점을 발견하게 된다. 물론 이는 브레이스의 필요성을 가장 낮게 평가한 것으로 결국 중요한 질문은 얼마나 많은 브레이스가 불필요한 구성원인가이다. 즉, 얼마나 많은 스터드(stud)를 제거해야 건축물이 붕괴할 것인지에 대한 질문이기도 하다. 전형적인 프레임은 16인치에서 간격으로 스터드를 배치하지만 근대 프레임은 24인치까지 이 간격을 늘리기도 한다. 이는 전체 스터드의 25%를 제거해도 구조적 안정성이 유지될 수 있다는 것을 의미한다. 즉, 건축물 주위를 돌면서 16인치 간격으로 배치된 스터드를 무작위로 고르게 뽑을 때 약 25%에 해당하는 숫자를 뽑아도 건축물은 여전히 안정적으로 서 있을 것을 의미한다. 그러나 24인치 간격으로 스터드가 배치된 건축물에서 목재를 제거할 때는 더욱 신중해야 하는데 구조물 사이 간격이 4피트를 초과하면 프레임의 구조적 한계를 넘어서기 때문이다. 즉, 이 지점이 구조적 과잉과 그로 인한 건축물의 안정성이 끝나는 지점이다.

이는 브레이스에 대한 두 번째 법칙으로 이어지는데 바로 수평과 수직 목재의 모든 교차 지점에 브레이스를 설치했다고 가정했을 시 이 중 15%는 제거 가능하다는 것이다. 물론 이는 일반적인 가이드라인으로 아무 브레이스나 제거해서는 안 되며 어떠한 브레이스가 구조적으로 필수적이고 어떠한 브레이스가 아닌지 변별할 수 있어야 한다. 브레이스 제거에는 문이나 창문 위치 확보처럼 그에 합당한 이유가 필요하다. 만약 브레이스를 제거한다면 맞은편 벽면이나 벤트 프레임에 적당한 수의 브레이스를 확보해야 한다.

(좌)횡성프로젝트와 (우)청추프러젝트에 적용된 브레이스이다.
기능적인 것뿐만 아니라 균형 잡힌 아름다움을 주고 있다.
(화성팀버프레임 설계·시공)

니 브레이스(knee brace)

오늘날 가장 흔하게 쓰이는 브레이스 기법으로 초기 미국 식민지 시대와 유럽 본토에서 개발되었으며 수직 구조물인 기둥과 월 플레이트 및 지붕들보 등 수평 구조물을 대각선으로 잇는 용도로 사용되는 브레이스를 일컫는다. 가장 흔한 기법은 수직 구조물의 상부 3분의 1 지점에 삽입하고 45도 각도로 수평 구조물을 지탱하는 것이다. 니브레이스는 압축력을 저항하는 데 가장 효과적이다.

구조물의 측면에서 수평으로 작용하는 힘을 받을 때 브레이스는 힘의 방향에 따라 압축력 혹은 인장력을 받는다. 구조물의 마주 보는 모든 면에 같은 수의 브레이스를 설치해야 저항력을 최대화할 수 있다.

텐션 브레이스(tension brace)

브레이스가 기둥에서 씰(sill) 혹은 건축물 아래쪽의 수평 구조물 사이에 위치할 때 이를 보통 텐션 브레이스라고 한다. 대부분의 경우 텐션 브레이스는 귀퉁이의 기둥의 상단 3분의 1 지점에서 씰 플레이트(sill plate), 혹은 접합하는 수평 구조물 방향으로 45도 각도로 설치되기에 니브레이스보다 크기가 크다. 텐션(tension) 브레이스의 명칭 자체는 오해의 여지가 있는데 비록 텐션 브레이스가 상당한 크기의 장부촉을 가지고 있어 인장력(tension)을 상대적으로 더 잘 저항하지만 텐션 브레이스 역시 압축력을 가장 효과적으로 저항한다.

브레이스를 설계할 때는 프레임의 다른 구성원들과는 다르게 복잡한 공학적인 원리를 고려할 필요가 없다. 목재는 나뭇결 방향으로 작용하는 힘에 가장 잘 저항한다. 브레이스는 상대적으로 적은 수로도 그 효과를 볼 수 있다. 가장 중요한 요소는 결국 브레이스가 인장력을 받을 때 장부홈, 장부촉, 나무못이 전단력을 견딜 수 있는지 여부이다. 브레이스는 압축력을 가장 잘 저항한다는 것을 잊지 말아야 하고. 따라서 프레임을 설계할 때는 브레이스가 서로 마주 보고 설치되는 것이 중요하다. 즉, 주어진 하중 아래에서 인장력을 받는 브레이스의 숫자와 압축력을 받는 브레이스의 숫자가 동일해야 한다.

미관(aesthetics)

앞서 살펴봤듯이 브레이스는 나뭇결과 수평으로 작용하는 하중이 가하는 힘에만 노출되어 있다. 브레이스 개별에 작용하는 힘은 프레임 내의 브레이스 총 개수, 위치 그리고 전체적인 배열에 따라 달라진다. 브레이스 숫자가 많을수록 개별 브레이스가 받는 부담은 줄어든다. 구조적인 관점에서 브레이스의 크기는 오로지 이에 작용하는 압축력과 인장력에 따라 달라지지만 실질적으로는 시각적인 미와 비율도 고려해야 한다. 미적인 관점에서 브레이스는 건축물을 안정적으로 지탱하는 것처럼 보일 만큼 커야 하지만 또 방해가 되고 눈에 밟힐 만큼 크면 안 된다. 안정적인 이미지와 미묘하고 품위 있는 외형을 위해서는 약간의 아치형을 선택할 수도 강인한 인상을 위해선 직선을 선택할 수도 있다 미술적인 감각이 필요해지는 순간이다.

하우스 장부촉을 사용한 브레이스(왼쪽 위). 장부홈이 들보의 정면에서 떨어져 설치되어 있어 브레이스가 구조물의 바깥쪽에 맞추어 설치된다. 반면 오른쪽 위 사진에서 퀸 포스트와 칼라타이를 잇는 브레이스의 경우 장부홈이 목재 중앙에서 떨어져 설치되어 있어 목재 중앙에서 브레이스가 뻗어나간다.

브레이스 접합기법(brace joinery)

근대 팀버프레임 건축가들이 사용하는 접합기법의 상당수는 수백 년 전부터 시행착오를 거쳐 개발된 역사적 증거를 기반으로 한다. 물론 접합기법 중에는 비교적 최근에 개발되어 역사적 선례가 한정적이거나 존재하지 않는 기법도 존재한다. 이러한 기법은 전통적인 양식에 비해 보다 빠르고 쉽게 제작할 수 있기 때문에 흔히 사용된다. 물론 이런 기법이 모두 안 좋다는 것은 아니다. 요점은 특정 상황에서의 특정 접합기법의 사용은 조인트의 모든 특성들과 고려사항에 대한 이해가 선행되어야 한다.

브레이스 접합기법의 경우 오늘날까지 쓰이는 효율적인 기법은 두 가지이다. 하나는 가장 이상적인 하우스 장부촉(house tenon)이며 다른 하나는 랩 장부촉(lap tenon)이다. 물론 거의 모든 접합기법과 마찬가지로 이 기본적인 기법 내에서 다양한 변주가 가능하다. 예로 하우스 장부촉에 숄더컷을 사용하여 브레이스 전체를 목재로 삽입할 수 있다. 랩 장부촉의 경우는 하프 도브테일(half dovetail)을 사용하여 인장력에 대한 저항을 키울 수 있다.

곡선형태의 커브 브레이스(좌). 하우스 장부촉을 사용한 직선 브레이스 직선형 브레이스
(우) 목재의 두께는 80*100mm가 이상 적이다 두께가 너무 두꺼우면
가분수처럼 심리적 불편함을 느끼게 된다.

하우스 장부촉(housed tenon)

하우스 장부촉은 가장 기본적인 장부홈과 장부촉으로 이루어진 조인트이다. 브레이스 경우는 장부촉이 들어서는 기둥과 들보와 45도 각도로 장부촉이 파여진다. 대부분의 경우 장부촉의 넓이는 40mm이며 장부홈 내로 100mm 정도 삽입된다. 장부홈을 팔 때는 항상 목재가 건조해지면서 팽창할 가능성을 고려해 장부촉보다 10mm 더 깊게 파야 한다는 것을 잊지 말아야 한다. 장부촉은 하프랩(half lap)으로 손질하여 브레이스 상단부분에 위치시킴으로써 장부촉면은 안전하게 하우징(housing)하여 시간에 따라 벌어질 수 있는 숄더 엣지(shouldered edge)를 보호할 수 있다.

브레이스는 팀버프레임에서 크기가 작은 목재에 속하지만 또 정확하게 접합하기 가장 어려운 구성원 중 하나이기도 한데 이는 설계와 손질에서 극단적인 정확성을 요구하기 때문이다. 장부홈과 브레이스 길이에서 1mm 오차만 발생해도 접합면 사이에 5mm가량의 공간이 생길 수 있다. 브레이스 장부홈을 설계하기 전에 먼저 목재가 완전한 사각형이 맞는지 측정해야 하며 길이에 변화가 없는지 두 목재가 만나는 지점과 브레이스가 삽입될 지점을 기준으로 확인해야 한다.

랩 장부촉에 비해 하우스 장부촉 기법의 장점은 명확하다. 우선 장부촉이 장부홈 안에 고정되기 때문에 목재의 뒤틀림을 방지한다. 두 번째는 나무못이 장부홈의 양쪽 면을 통과하여 설치되기에 이중 전단력을 받고 이에 따라 조인트에 작용하는 힘을 분산시켜 준다. 또한 하우스 기법은 랩 기법에 비해 목재의 노화에도 영향을 덜 받는데 목재가 회전할 일이 없기 때문이다.

랩 장부촉(lap tenon)

팀버프레임의 재부흥 초창기에 브레이스 설계에서 랩 장부촉이 자주 사용되곤 했다. 오늘날까지도 칼라타이(collar tie)와 서까래를 잇는 데 랩 기법이 종종 사용되곤 한다. 쉽게 말하자면 랩 조인트는 팀버프레임에서 가장 논쟁거리가 심한 조인트 기법이다. 랩 기법은 씰 들보(sill beam)를 위해 주로 사용된다. 작은 프레임의 칼라타이에서 랩 기법이 사용되곤 한다. 그러나 이런 경우는 주로 건축가가 아닌 아마추어 목수가 건축한 프레임일 경우가 많다. 왜냐면 쉽게 프레임을 제작할 수 있기 때문이다. 사실 랩 장부촉은 나무못과 장부촉, 장부홈이 하나의 전단면(shearing plane)을 따라 회전한다는 문제점이 있다. 하중을 받게 되면, 특히 인장력이 작용할 때, 조인트가 실패할 확률이 높은데 이는 나무못이 회전을 막을 수 없기 때문에 압축력이 취약할 수가 있다. 그래도 못이나 볼트를 박는 것보다 효과적일 것이다. 브레이스로써 사용될 때 랩 조인트는 브레이스의 뒤틀림을 억제하기 어렵다. 따라서 브레이스는 연결된 목재에서 빠져나가기 시작하고 그에 따라서 전체 프레임의 저항력이 약해지게 된다. 랩 기법을 사용한 브레이스를 사용하는 프레임은 따라서 브레이스를 장기간 보전하기 위해 외벽의 힘을 사용하게 된다. 이런 다른 자재가 없으면 10년 정도 지나면 브레이스는 말 그대로 프레임에서 분리된다. 그럼에도 불구하고 랩 장부촉은 보다 쉽고 빠르게 설치가 가능하다는 장점이 있으며 심지어 프레임이 다 완성된 이후에도 설치가 가능하다.

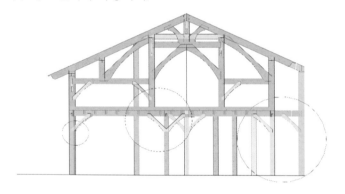

모든 브레이스는 구조물 내에서 두 가지 종류의 힘, 즉 압축력과 인장력을 받게 된다. 압축력은 나뭇결을 압축하는 힘이며 브레이스 경우 이는 브레이스 양끝에서 미는 힘으로써 작용한다. 반면 인장력은 목재를 양끝에서 잡아당기는 힘이다. 브레이스는 다른 구조물과 마찬가지로 압축력을 받을 때 가장 효과적이다. 브레이스의 접합면이 최대화되기 때문이다. 브레이스 숄더는 나무못이나 장부촉에 의지하지 않고 접합면을 최대화하여 저항력을 가지는 것이 이상적이다. 브레이스가 인장력을 받게 되면 브레이스 자체의 저항력보다는 브레이스를 고정하는 나무못과 장부촉에 구조적으로 의존하게 된다. 따라서 서로 마주 보는 면에 동일한 수의 브레이스를 설치하여 인장력을 받는 브레이스 맞은편에는 언제나 압축력을 받는 브레이스를 확보하는 것이 중요하다.

　브레이스 포켓은 한쪽이면 90도, 후면은 45도 경사로 설치된다. 완벽한 접합부를 원한다면 이 각도를 정확하게 지켜야 한다. 브레이스 장부촉은 주로 브레이스의 안쪽 면에서 뻗어 나오게 설치되며 왼쪽 사진에서 볼 수 있듯이 랩 장부촉처럼 구조물의 안쪽 면과 맞추어 설치된다. 반면 프레임 내부 구조물의 경우 목재의 중앙선을 일관적으로 한쪽 측면에 맞추어 장부홈을 설치한다.

지붕들보 접합기법(tie beam joinery)

지붕들보, 혹은 이음보는 밴트 구조물에서 주된 구성원이며 두 가지 중요한 기능을 한다. 이름에서 드러나듯이 첫 번째 주요 기능은 프레임을 서로 이어주고 하중으로 인해 발생하는 서까래의 수평적 척력을 저항하는 것이다. 따라서 지붕들보는 인장력을 받게 되며 인장력 구성원(tension member)로 분류된다. 이렇게 인장력을 저항하는 팀버프레임 구성원들은 하나의 목재로 구성되어 프레임 전체 너비에 걸쳐 설치될 때 가장 효율적이다. 이는 단순히 설계와 작업 시간을 줄여줄 뿐만 아니라 장기적으로 안정적인 구조물을 완성시켜 주는데 스카프조인트를 사용하는 경우는 아무리 정교하게 설계되었다 한들 시간이 지남에 따라 연결지점이 헐거워지기 때문이다.

　인장력에 저항하는 접합부분을 설계하는 기준은 팀버프레임에서 가장 엄격한 것이다. 즉, 일체형 구성원을 사용하여 접합지점을 최소화하는 것이 중요하다.

　지붕들보의 두 번째 기능은 플로어를 지탱하는 구성원으로써 바닥을 이루는 다른 목재들을 직, 간접적으로 받들게 되는 역할을 한다. 이 경우 들보는 하중이 가하는 수직력을 받게 되며 들보는 따라서 벤딩 응력(bending stress)를 받게 된다. 들보에 작용하는 총 하중은 데드로드(팀버프레임의 하중)와 라이브로드(건축물에 들어서는 사물의 무게)의 합으로 결정이 되며 이를 총합 플로어 로드(combined floor load)라고 한다. 상황에 알맞은 들보의 크기와 접합기법을 결정하기 위해서는 먼저 수직과 수평으로 작용하는 하중의 최대치를 먼저 구할 필요가 있다.

전통적 팀버프레임의 구조적 안정성은 상당부분 잘 설계되고 작업된 접합기법에 의존하기에 설계 과정도 여기서부터 시작해야 한다. 대부분의 경우 들보의 크기는 들보에 가해지는 하중 그 자체보다는 접합면의 고려사항에 의해 결정된다. 물론 들보에 대한 온전한 구조적 이해는 상당히 복잡하지만 아래의 가이드라인을 따르면 보다 손쉽고 간단한 설계가 가능할 것이다.

4.8m 법칙

실용적인 측면에서 안전범위 내의 단순보의 최대 길이는 4.8m이다. 이는 길이가 길어질수록 그에 반비례하여 목재의 강도가 제곱으로 줄어들기 때문이다. 이는 곧 6m 길이 들보의 휘어짐 현상이 4.8m 길이의 목재의 2배에 달한다는 것이다. 물론 들보를 설계할 때 고려해야 할 사항 중 하나에 불과하지만 이는 곧 4.8m 길이를 넘어가는 들보를 설치하기 위해 목재의 크기를 바꾸는 것은 지양해야 한다는 것을 의미한다. 이를 이해한다면 다음과 같은 가이드라인을 통해 좀 더 효율적인 프레임을 제작할 수 있다.

1) 지붕들보의 길이와 상관없이 180mm~200mm 넓이 220mm~280mm 두께를 유지해라.
2) 4.8m가 넘는 들보의 경우 이를 지탱할 기둥을 설치하여 들보의 어떠한 부분도 4.8m가 넘지 않도록 해라(좀 더 안전하게 4.5m면 더 좋다).

물론 기둥 없이 4.8m가 넘어가는 들보를 설계할 수는 있지만 이러한 경우에는 트러스(truss)를 사용해야 한다.

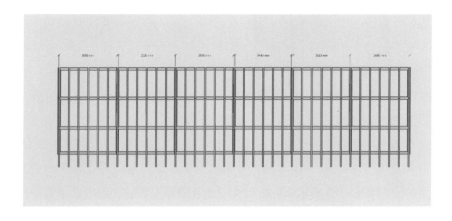

텐션 접합기법(tension joinery)

효과적인 지붕들보 설계를 위한 전통적인 접합기법의 폭은 넓다. 어떠한 조인트를 사용할지 결정할 때는 프레임 디자인, 미관, 작업 난이도 등을 고려해야 하지만 가장 중요한 것은 구조적 안정성이다. 따라서 구조적 관점에서 필수적인 일반적 고려사항과 이에 따른 구체적인 사항들을 서술할 것이다.

퇴촌 팀버프레임 하우스 나무못의 간격(나무못 간격은 일정해야 한다)

인장력에 대한 목재의 저항력은 나뭇결과 같은 방향으로 작용되는 힘에 대해서 가장 크다. 따라서 인장력을 받는 들보 전체가 인장력에 의한 부담으로 인해 붕괴될 가능성은 매우 적다. 그러나 들보의 접합면, 즉 장부촉은 보다 조심할 필요가 있다. 물론 들보가 인장력을 받는다고 해서 접합면의 나무못, 장부촉과 장부홈 역시 인장력을 받는다는 것은 아니다. 따라서 프레임의 각 구성원에 작용하는 힘의 방향과 종류를 파악하는 것이 우선이다.

목재의 강도를 파악하기 위해 물리적인 특성을 고려할 때 결국은 외부의 하중이 들보의 내부적 구조에 미치는 영향을 고려하는 것이다. 만약 나무의 섬유질이 파손되거나 충돌하거나 서로 분리될 때 들보가 건축적으로 실패했다고 말한다. 프레임의 어떠한 부분에서든지 5% 이상의 영역이 파손된다면 그 부분의 구조물은 실패한 것이다. 이에 대해 보다 자세히 다루기 전에 구조물에 작용하는 기본적인 응력(stress)의 종류에 대해 다루는 것이 이번 장에서 다루는 접합기법을 이해하는 데 도움이 될 것이다.

응력이란 외부에서 작용하는 힘에 대항하는 건축 구성원의 내부적 저항력을 의미한다. 이 저항력의 크기는 목재의 종류와 목재의 나뭇결에 대해 작용하는 힘의 방향에 따라 달라진다. 구조물에 작용하는 응력에는 세 가지 종류가 있는데 인장력, 압축력, 전단력이 그것이다. 먼저 인장력은 목재를 옆으로 길게 늘리는 경향이 있다. 나뭇결의 방향과 힘이 작용하는 방향에 따라 인장력에 대한 저항력의 크기가 달라진다. 목재의 저항력의 크기는 나무결과 평행으로 작용하는 인장력에 대해 가장 크다. 이 경우 들보 전체에서 건축적 실패가 발생하기 이전에 접합면에서 문제가 발생될 가능성이 크다. 반면 나뭇결과 수직으로 작용하는 인장력의 경우는 목재면의 경도와 갈라짐 정도를 고려해야 한다. 장부홈에서 나뭇결과 수직으로 작용하는 인장력으로 인해 문제가 발생할 수 있다. 그러나 이에 대한 정확하고 일관성 있는 결과를 도출해 내는 것은 쉽지 않은데 저항력을 가진 범위를 정확히 파악하기 어렵기 때문이다. 볼트의 직경과 가장자리 여백의 비율, 장부촉의 넓이와 장부홈의 넓이, 비율 등은 전체 접합면의 강도를 결정할 때 사용하지 장부홈에 대한 설계 요소를 위해 쓰이지 않는다.

압축력은 프레임 구성원을 납작하게 만들거나 더 짧게 만드는 힘을 의미한다. 압축력 역시 나뭇결에 대한 방향에 따라 그 유형이 달라진다. 나뭇결과 평행하는 압축력에 대한 목재의 저항력은 두 번째로 강한 것인데 따라서 이에 따른 문제점은 팀버프레임에서 그렇게 중요하게 여겨지지 않는다. 기둥에 작용하는 하중에 의한 건축 실패는 주로 목재를 휘게 만드는 수평적 전단력에 의해서 발생하며 목재 끝부분의 나뭇결이 파손되는 결과로 이어진다. 반면 나뭇결과 수직으로 작용하는 압축력은 목재의 종류와 하중에 따라 접합부의 면적이 충분하지 않으면 문제를 일으킬 수 있다. 이는 심각한 건축 실패로 이어질 확률은 적지만 목재 면의 나뭇결이 충돌하면서 보기 안 좋은 외관을 만들 수는 있다. 물론 모든 심각한 문제는 그보다 더 심각한 문제가 발생한 이후에야 나타난다는 것을 명심해야 한다. 즉, 압축력은 그 자체만으로 건축 실패의 직접적 원인은 아니지만 들보 내부에 부담을 주어 취약한 조건에서 목재에 더욱 부담을 주게 된다.

전단력은 구조물의 구성원이 서로 미끄러지고 엇나가게 만드는 힘이다. 전단력 역시 나뭇결의 방향에 따라 수평적 전단력(나무결과 평행)과 수직적 전단력(나무결과 수직)으로 나뉜다. 들보와 접합지점에서 발생하는 실패의 가장 흔한 원인은 수평적 전단력에 의한 것이다. 단순보에 하중이 가해졌을 때 들보의 상단면은 압축력을 받고 하단면은 인장력을 받으며 그에 따라 목재의 중앙축은 수평적 전단력을 받게 된다. 이때 들보가 한계를 넘어서는 하중을 받게 되면 슬리피지(slippage) 현상이 일어난다. 이는 들보에서 가장 처음 발생하는 건축 실패이다. 이 현상이 한 번 발생하면 들보의 총체적인 실패, 즉 목재의 수직적 전단력에 의한 파손 혹은 나뭇결의 끊어짐 등이 일어날 가능성이 크다. 수평적 전단력은 접합부분의 장부촉과 나무못의 주요 실패 원인이기도 하다. 그러나 장부촉의 경우는 휘어짐의 결과 때문이 아닌 전단력 그 자체가 문제가 된다. 나무못의 경우는 수직적 전단력을 받기는 하지만 장부홈과 장부촉이 받는 압축력에 의해 발생하는 수평적 전단력과 이에 따른 휘어짐이 주요 실패 원인이다. 인장력을 받는 접합부분을 설계할 때 최대 하중(추력)을 계산하여 장부촉에 전단력을 받는 목재면을 충분히 주는 것이 중요하다. 또한 적절한 나무못의 크기와 숫자를 결정하는 것이 중요하다.

비록 수직적 전단력이 들보, 특히 들보를 지탱하는 장부촉의 실패를 초래하기도 하지만 건축가가 구조물에 대한 기본적인 이해가 없지 않는 이상 매우 드물게 발생하다. 수직적 전단력이라는 용어는 들보 중 한 지점에 작용하는 하중에 의해 발생하는 전단력의 크기를 의미하기도 한다.

전통적인 지붕들보 접합기법(tie beam joinery)에 대한 세부사항

지붕들보의 접합기법은 두 가지로 나눌 수 있다. 포스트 조이너리(post joinery)는 지붕들보가 탑 플레이트 아래의 기둥과 직접적으로 연결되는 방식으로 단순 장부홈과 장부촉, 혹은 숄더 기법이나 하프 도브테일(half dovetail)을 활용한 장부홈과 장부촉을 사용한다. 플레이트 조이너리(plate joinery)는 지붕들보가 기둥 혹은 플레이트 위에 올려지는 양식으로 영국식 타잉 조인트(tying joint)를 사용한다. 4.8m 법칙을 따른다면 수직적 전단력에 따른 장부촉의 실패는 걱정할 필요가 별로 없다. 소나무 목재의 경우 장부촉은 최소 50mm 넓이여야 되며 길이가 4.8m 이하면 내기둥의 지지 없이 180*240mm짜리 목재를 사용해도 된다. 이로 인해 장부촉의 전단력 저항면은 약 600mm2가 되며 이는 각 장부촉이 안전범위 내에서 3톤의 하중까지 견딜 수 있다는 의미이다(이는 4.8m 공식을 따랐다고 가정했을 때 전체 프레임이 충분히 견딜 수 있는 하중이기도 하다). 이러한 기본 장부이음에 작용하는 인장력의 크기는 서까래의 처마가 기둥과 접하는 지점과 조인트로부터의 거리에 의해 결정된다. 2층 건물의 지붕들보의 경우 1층의 들보는 인장력에 노출되지 않는데 2층의 들보가 서까래의 추력을 모두 받게 되기 때문이다. 이 경우에서 단순 장부홈과 장부촉은 위층의 하중을 견딜 수 있다는 가정하에 건축물의 하단부에 위치한 들보에 적합하다. 하지만 대부분의 경우 지붕들보는 숄더 기법을 필요로 한다.

만약 타잉 조인트(tying joint)가 인장력을 받지 않는다면 20mm짜리 나무못 2개면 충분히 하중을 지탱할 수 있을 것이다. 나무못은 하중을 받는 목재의 가장자리로부터 직경의 2배만큼 떨어져 설치된다. 장부촉이 인장력을 받는 위치에 있다면 직경의 4배 떨어진 길이에 설치된다. 어떠한 경우든 장부촉의 상단과 하단면으로부터 나무못 직경의 최소 1.5배 떨어진 위치에 들어서야 한다(목재의 나뭇결과 평행으로 설치된다).

목재 측면의 나무못 사이의 거리는 나무못 중앙을 기준으로 직경의 4배가 되어야 한다. 3개 이상의 나무못이 사용된다면 장부홈이 파인 목재의 나뭇결과 평행한 방향의 나무못은 목재의 가장자리에 위치한 나무못의 중심 기준으로 직경의 1.5배 떨어지는 것이 이상적이다. 텐션 조인트(tension joint)의 경우에는 나무못은 연목의 경우 장부촉 끝으로부터 직경의 7배, 경목의 경우는 4배 떨어져 있어야 한다. 압축력을 받거나 하중이 중립적으로 작용하는 조인트의 경우는 직경의 4배면 충분하다. 지붕들보(기둥 사이를 잇는 구조물)와 칼라타이(서까래와 서까래를 잇는 구조물)의 차이를 인지하는 것도 중요하다. 서까래 한 쌍 사이에 위치한 칼라타이는 엄밀히 말하면 이음보와는 차이가 있는데 바깥으로 밀어내는 인장력이 아닌 안쪽으로 작용하는 압축력을 받기 때문이다. 따라서 이음보가 아닌 브레이스로 보는 것이 더 적합하다. 물론 칼라타이가 서까래의 아래쪽 3분의 1지점에 위치한 경우처럼 상당한 인장력을 받게 되어 이음보로서의 역할을 수행하는 경우도 있다. 이 경우 칼라타이는 인장력을 받는 구성원이 된다. 보다 자세한 설명은 차후 제공된다.

숄더 장부홈과 장부촉(shouldered mortise and tenon)

지붕들보가 과도한 수직적 하중에 노출되거나 조인트 근처에 하중이 집중되는 경우라면 숄더 기법을 사용한 장부홈과 장부촉이 적합하다. 숄더 기법을 사용한 장부촉은 수직적 전단력과 장부촉의 압축력에 대한 저항력이 높고 뒤틀림을 줄여준다. 숄더 기법은 이를 사용하지 않는 접합기법과 비교하여 두 가지 확실한 이점을 가진다. 하나는 위에서 기술된 수직적 전단력에 대한 저항력이다. 숄더 기법을 사용하지 않은 장부촉은 수직적 하중과 전단력을 저항하기 위해 장부촉 자체의 강도에 의존할 수밖에 없다. 이런 장부촉은 절단면을 기준으로 50mm 넓이와 250mm 두께를 가진 장부촉은 500mm 2의 전단면을 가진다. 반면 숄더 기법을 사용한 조인트는 180mm 넓이와 250mm 두께를 가지기에 1800mm의 전단면을 가지고 따라서 저항력이 3.5배에 달한다. 물론 숄더 기법을 사용한 장부촉은 지붕들보에 작용하는 모든 하중을 지탱할 것을 요구받지 않기에 넓이를 줄여 장부홈을 보다 작게 설계하여 목재의 저항력 손실을 최소화할 수 있다. 이는 월 플레이트를 비롯한 다른 목재가 같은 위치에 들어설 때 특히 중요해진다. 두 번째 이점은 지붕들보와 기둥 사이의 접합면이 더욱 넓으며 그에 따라 목재의 뒤틀림에 대한 저항력이 더 크다는 것이다. 근처에 숄더 기법을 사용하지 않은 오래된 팀버프레임 하우스를 자세히 관찰하면 대부분의 경우 지붕들보가 뒤틀려 있음을 알 수 있다. 숄더 기법을 사용한 장부이음에서도 나무못의 위치는 단순 장부이음과 동일하다.

하프 도브테일 장부홈과 장부촉
(half dovetailed mortise and tenon)

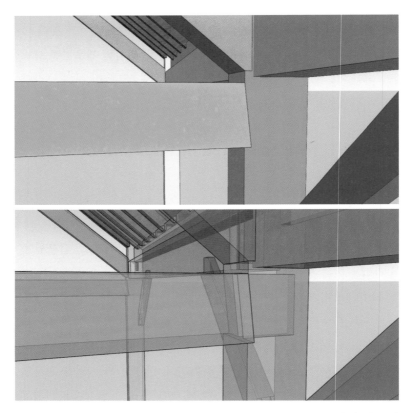

도브테일 기법은 인장력에 대한 저항력이 상당하기에 쉽게 실패하지 않는다. 단순 장부촉과 장부홈은 구조적으로 나무못에 의존하는 반면 하프 도브테일 조인트는

도브테일 장부촉의 저항력 자체를 사용하여 나무못의 고정력을 높여준다. 이 조인트에서는 나무못은 부수적인 요소가 된다. 그림에서 드러나듯이 장부촉의 하단부는(장부홈도 마찬가지이다) 장부촉의 길이에 따라 20mm에서 30mm하프 도브테일을 가지게 된다.

영국식 타잉 조인트(English tying joint). 영국식 타잉 조인트는 수세기에 걸쳐 사용된 가장 흔한 유럽식 기둥/이음보/서까래 접합기법이다. 이러한 범용적인 사용에는 그에 걸맞은 이유가 있다. 영국식 타잉 조인트는 순수히 압축력에 저항하는 조인트이며 완벽한 조인트에 가장 가까운 특징을 가졌다. 서까래의 처마는 지붕들보에 직접적으로 연결되어 자칫 기둥 위에 설치되었을 시 발생할 수 있는 기둥의 휘어짐을 방지해 준다. 서까래 처마에 설치되는 장부촉은 지붕들보에 하우징되어 장부촉과 장부홈에 받는 전단력, 즉 이중 전단력에 대한 훌륭한 저항력을 가지게 된다.

영국 타잉 조인트 변형기법을 사용하였다.

기둥의 경우는 탑 플레이트(top plate)를 통과하는 장부촉(스파 장부촉(spar tenon)과 플레이트 안쪽면을 슬리브(sleeve)가 감싸게 된다. 이 슬리브에서 티젤 장부촉(teasel tenon)이 도출된다. 여기서도 지붕들보의 하단부는 5mm 두께의 도브테일이 새겨지며(더욱 두껍게 제작하기도 한다) 탑 플레이트 상단부의 도브테일 슬롯 (dovetail slot)으로 삽입된다. 한 번 연결되고 고정되면 이 조인트는 결코 자연적으로 떼놓을 수 없다. 이러한 조인트를 사용하려면 탑 플레이트가 기둥과 기둥 사이에 고정되어야 하므로 벤트 골조를 한 번에 세우는 것이 불가능하지만 대신 벤트의 구성원을 단단히 고정시켜 준다. 온전한 영국식 타잉 조인트를 사용할 때는 플로어 조이스트와 탑 플레이트 사이의 접합기법을 신중하게 설계해야 한다. 지붕들보의 상단부분은 탑 플레이트의 상단부분에서 180mm~200mm 더 튀어나와야 한다. 지붕들보의 상단과 플레이트의 상단 사이에 깊이를 최대한 활용하는 조이스트를 이용하여 전체 프레임의 자연적인 균형을 이룰 수 있다. 대부분의 경우 이는 서머빔 (summer beam)보다 더 두꺼운 조이스트가 요구된다.

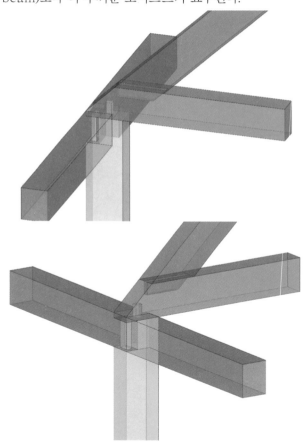

(영국식 타잉 조인트의 도안을 보여준다. 영국식 타잉 조인트의 큰 장점은 견고함이다)

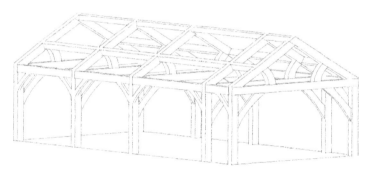

    팀버프레임을, 혹은 어느 구조물이든, 설계할 때 구조적 안정성을 위해서 구조물이 받는 힘을 이해해야 한다. 만약 외부에서 건축물에 작용하는 모든 힘이 건축물을 무너뜨리려 한다면 건축물은 이 힘에 저항하여 무너지지 않으려 한다고 볼 수 있다. 뉴턴의 운동 법칙에 따르면 모든 힘에는 반대 방향으로 동일한 힘이 작용하며(작용과 반작용의 법칙) 한 번 움직이는 물체는 다른 힘이 작용하지 않는 한 계속 움직인다(관성의 법칙). 건축물의 목표는 이 관성력을 저항하는 것이다. 팀버프레임의 경우 이 저항력은 목재, 목재의 구조적 배열, 그리고 접합기법에서 나오게 된다. 즉, 목재의 크기나 접합기법의 설계 이전에 먼저 구조물에 작용하는 힘의 크기를 알아야 한다.

팀버프레임에 사용되는 접합기법은 매우 아름다운 접합기법이지만
저항력을 최대화하기 위해서는 정확한 건축 기준을 따라야 한다.

　고정되어 있지 않은 물체에 힘이 작용하면 물체는 자연스럽게 움직인다. 이 움직임을 보다 쉽게 이끌어 내기 위해서는 물체에 바퀴를 달면 된다. 반대로 물체를 멈추게 하고 싶으면 브레이크를 단다. 브레이크가 효과적이려면 움직이는 물체에 작용하는 힘의 총력과 물체의 중량으로 인해 얻는 관성력과 동일하거나 그보다 큰 힘을 반대 방향으로 주어야 한다. 이 경우 물체에 가해진 힘은 작용이며 물체의 움직임은 반작용이다. 브레이크를 설치함으로써 우리는 여기에 또 다른 내부적 반작용을 더하는 것이다. 외부의 힘이 계속 작용한다고 가정했을 때 만약 브레이크의 힘이 물체를 움직이는 힘에 저항할 만큼의 크기여서 물체가 멈춘다면, 즉 물체에 작용하는 전체 힘의 합이 0에 수렴한다면, 이를 정적 평형(static equilibrium) 상태라고 부른다. 구조물을 설계할 때의 목표가 바로 이 정적 평형을 이루는 것이다.

　움직이는 물체나 목재 구조물이나 결국 같은 원칙이 적용된다. 우리가 고려해야 하는 사항은 힘의 크기, 힘의 방향, 그리고 힘을 저항하는 물체의 물리적 특성이다. 이를 팀버프레임에 적용시켜보자.

8m 클리어스팬 킹포스트 트러스로, 킹스트럿(king strut), 하프 도브테일 텐션 조인트를 사용한다. 킹포스트 트러스는 매우 효율적인 설계인 동시에 트러스의 기본적 요구사항을 모두 충족한다.

만약 수평 들보를 양끝에서 지지하고 중앙부분에서 하중을 지탱하려면 결국 움직이는 물체와 같은 원리로 힘이 작용하는 것이다. 들보의 중앙이 지탱하는 하중이 곧 외부에서 작용하는 힘이며 이 하중에 의한 힘과 목재의 중량을 합치면 총 운동량이 도출된다. 목재의 나뭇결과 그 물리적 특성은 브레이크와 같은 역할을 한다. 만약 하중이 목재를 휘게 만들 만큼 크다면 목재는 움직이는 물체라고 봐도 무관할 것이다. 하중이 가하는 아래쪽으로 작용하는 힘에 대한 반작용력인 수직 전단력이 목재 양끝에 분산되어 작용하게 된다. 이에 따라 목재 내부에서는 브레이크와 동일한 원리로 2차적 반작용력이 발생하는데 이것이 수평 전단력이다. 만약 이 반작용력이 프레임이 받는 외부적 하중과 프레임 자체의 하중(운동량)보다 작거나 크다면 구조물은 붕괴할 수 있으며 이를 건축적 실패라고 한다.

아래 다이어그램1을 보면 어떻게 단순한 프레임에서 힘이 분산되는지 알 수 있다.

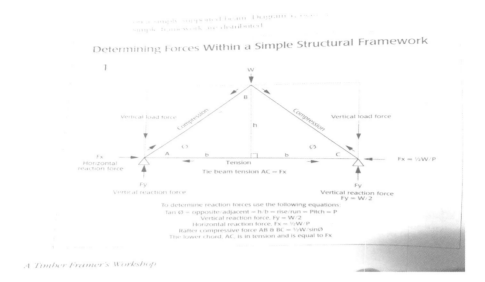

위 다이어그램은 프레임에 작용하는 다양한 힘의 크기를 구하는 방법을 서술한다. W를 하중, A, B, C를 삼각형 프레임의 각 각도로 설정하고, h를 프레임의 높이, b를 밑변으로 설정했을 때 프레임에 가해지는 힘을 구하는 방법은 다음과 같다. 먼저 탄젠트 는 곧 프레임의 밑변과 높이의 비율, 즉 h/b임을 알 수 있고 이는 곧 피치(pitch) 값으로 이를 P라고 놓자. 수직으로 작용하는 하중에 대한 반작용력 크기는 총 하중이 양쪽 기둥에 분산되어 적용되기 때문에 Fy = W/2임을 알 수 있다. 반면 들보, 즉 선상AC에 작용하는 인장력에 대한 반작용력을 구하는 공식은 Fw = 1/2W*P이다. 서까래 AB와 BC에 작용하는 압축력은 1/2W*sin으로 구할 수 있다. 프레임의 하현부 AC가 받는 인장력의 크기는 곧 반작용력인 Fx와 동일하다.

출처("timber framer's workshop")

압축력, 인장력, 전단력에 따른 응력(stress)

단순들보에 외부 하중이 작용하면 수직 전단력이 발생한다. 수직 전단력은 들보를 붕괴시키는 주요한 원인은 아니지만 이를 통해 들보의 단면에서 나무결과 수직으로 작용하는 반작용력을 측정할 수 있다. 앞서 몇 번 설명했듯이 목재 내부에 작용하는 응력은 세 종류로 인장력, 압축력, 저단력이다. 단순들보를 예로 들자면 하중에 따라 목재라 휘어질 때 목재 중앙축의 윗부분이 나무결의 평행으로 작용하는 압축력을 받아 짧아지는 것을 볼 수 있다. 반면 중앙축 아랫부분의 나뭇결은 역시 평행으로 작용하는 인장력을 받아 늘어난다. 이는 목재의 상단과 하단에 작용하는 힘이 반대방향이라는 것을 의미하며 이 힘의 크기가 크다면 중앙축을 따라 나뭇결이 서로 분리되어 미끄러지는 현상이 발생한다. 이 목재 내부의 반작용력은 수평 전단력을 발생시킨다(목재의 나뭇결과 평행하여 발생하는 전단력을 의미한다). 나뭇결이 서로 어긋나면 이를 수평 전단력에 의한 건축 실패로 규정한다. 이는 하중을 받는 들보에 가장 처음으로 발생하는 현상이며 곧 들보 전체의 실패로 이어질 수 있다. 만약 들보가 지탱하는 하중이 다양한 지점에서 작용한다면 저항력을 구하는 것은 더욱 어려워진다. 플로어 조인트, 중도리, 서까래 등 하중이 고르게 분포하는 구조물을 설계할 때는 오로지 수평 전단력(horizontal shear), 디플렉션(deflection), 벤딩 디자인(design in bending)만 고려하면 된다. 이중 수평 전단력이 건축 실패를 일으키는 첫 번째 이유이기에 설계 과정 역시 이를 계산하면서 시작된다. 만약 목재가 받는 수평 전단력이 허용범위의 50% 이하라면 벤딩과 디플렉션 현상이 일어날 확률은 현저히 적다.

공학이란 어쩔 수 없이 불확실한 이론과 가정에 근거한 매우 복잡한 과학이다. 목재만 하더라도 그 품질과 특성이 너무 다양하여 같은 종류와 크기의 목재라도 서로 상이한 결과값을 보여준다. 결국 우리가 가진 정보는 반복적인 시행착오를 통해 도출된 각 목재 종류별 평균값인 것이다. 목재의 실제 품질, 나무결의 특징, 혹의 패턴 등 프레임의 안전성에 영향을 끼칠 수 있는 요소들은 모두 현장에서 고려되어야 한다. 계산과정에서 가장 안전한 값을 쓰는 이유도 이러한 오차범위 때문이다.

지붕 프레이밍(roof framing)과
트러스(truss) 설계

중세 유럽시대 때 개발된 팀버프레임 트러스 기법들의 상당부분은 이후 대영제국과 서유럽에서 존속되었다. 비록 지역별로 매우 다양한 트러스 기법이 존재하지만 크게 두 가지로 나눌 수 있다. 지붕들보 트러스(Tie-Beam Truss)는 일체형 들보를 가진 반면 볼트 트러스(Vaulted Truss)는 그렇지 않다. 지붕들보 트러스는 가정집이나 비교적 짧은 일체형 목재들이 많이 사용되는 구조물에서 주로 사용되었다. 이 중 가장 독특한 기법은 13세기경부터 영국과 유럽 국가들에 건설된 시청, 교회 및 공공시설 등에서 찾아볼 수 있다. 이후 볼트 루프 트러스(vaulted roof truss) 기법이 이러한 주된 트러스 요소들을 흡수했으며 하나의 지붕들보 트러스에서 여러 가지 양식이 사용되기도 했다.

물론 각각의 개성과 다양한 변형기법 때문에 지붕들보 트러스를 구분하기 힘들기는 하지만 가장 돋보이는 기법은 킹포스트 기법, 퀸 포스트 기법, 그리고 크라운 포스트 기법이다. 이러한 기법은 클리어 스팬(clear span)의 최대 길이를 12m까지 허용해 준다. 물론 보다 더 큰 스팬을 가진 건축물에도 이러한 기법이 사용될 수 있고 전통적인 건축물에서 실제로 활용되었지만 미적으로써의 매력이 떨어지며 실용성이 낮기에 보통은 볼트 루프 트러스 기법을 사용한다.

볼트 루프 트러스는 교회, 대성당 그리고 시청을 건축하는 데 주로 사용되었으며 12세기 후반부터 13세기 초에 지어진 건축물에서 그 첫 번째 흔적을 찾아볼 수 있다. 비록 볼트 트러스 기법에도 다양한 변형기법이 존재하지만 가장 유럽에서 지역을 막론하고 가장 흔히 사용된 기법은 아치형 트러스, 해머빔 트러스(hammerbeam truss), 그리고 크러크 트러스(cruck truss)이다.

트러스 기법은 주로 해당 골조에서 가장 주된 구성원에 따라 이름이 지어진다. 비록 한 트러스에서 다양한 기법이 사용될 수 있다. 아치형 킹포스트 트러스, 해머빔 시저 트러스 등이 그 예시가 될 수 있다. 이는 건축가 개개인의 창의성에 따른 결과이다. 하지만 창의성을 발휘하기 위해서는 트러스 설계에 대한 기본적인 원리와 법칙에 대한 이해가 선결되어야 한다.

해머빔 프레임은 매우 효율적인 클리어 스팬 트러스 설계 법이다(좌). 아치형 브레이스 트러스 역시 매우 효율적인 설계 법으로 상대적으로 적은 목재만으로도 큰 스팬을 줄 수 있다(우).

필자는 건축 요구사항을 가장 단순하고 직관적으로 충족하는 설계 방식을 선호한다. 또 불필요한 구조물을 제거한 가장 순수한 구조의 건축물이 보기에도 아름답다고 생각한다. 마치 좋은 음악이 음표의 높낮이뿐만 아니라 음표 사이의 간격을 통해 말로 표현할 수 없는 마법 같은 효과를 만들어 내듯이 건축도 마찬가지로 생각한다.

우리 안에는 가장 이상적으로 설계된 구조물에 반응하고 그 아름다움을 알아챌 수 있는 선천적인 능력이 있다. 비록 이를 말로 표현하기는 어렵지만 우리는 이런 건축물을 봤을 때 그 특별함을 느낄 수 있다.

킹포스트 트러스(king-post truss)

전통적인 팀버프레임은 우리의 이런 본성을 자극하는 듯하다. 그중 최고봉은 단연 킹포스트 트러스이다. 킹포스트 트러스를 사용한 팀버프레임은 가장 근본적인 구조물이라 해도 과언이 아니다. 킹포스트 구조물의 아름다움과 구조물의 선이 만들어내는 단순하고 직관적인 균형을 싫어하는 사람은 매우 적을 것이다. 이러한 구조물을 볼 때 우리는 비로소 온전함을 느낀다. 킹 포스트 트러스는 단순 트러스를 대표하며 가장 흔히 사용되는 구조물이기도 하다. 교각부터 고속도로에서 흔히 볼 수 있는 와이어 트러스까지 다양한 건축물에 사용되는 이 기법의 구조적 본질은 아치의 마룻돌(keystone)과도 비슷하다. 마룻돌처럼 킹 포스트에 고정된 서까래는 기둥이 받는 수직 하중과 동일한 크기의 압축력을 킹 포스트에 가한다. 다행히도 조인트는 압축력에 대해 가장 큰 저항력을 가지기에 킹 포스트는 구조물의 안정성을 보장해준다.

서까래가 가하는 추력은 위로 작용하는 추력이며 따라서 킹 포스트는 위로 들려올려지게 된다. 즉, 인장력을 받는 것이다(이것이 킹 포스트가 매우 안정적인 트러스인 이유이기도 하다). 이는 킹 포스트가 지붕의 하중과 2층의 하중을 상당부분 지탱할 수 있게 해준다. 킹 포스트의 안정성은 인장력에 대한 저항력에 의해서 결정되며 이는 다시 킹 포스트의 크기, 서까래와 연결된 상단부분 조인트 그리고 지붕들보와 연결된 하단부분의 조인트의 저항력에 의해 결정된다.

킹 포스트와 서까래의 연결면, 릿지빔(ridge beam)

다른 트러스 구조와 마찬가지로 킹 포스트 트러스의 궁극적인 안정성은 조인트에 달려 있다. 비록 모든 조인트가 하중을 부담하지만 킹 포스트와 서까래를 연결하는 조인트는 특히 신경을 써야 하는데 다음 장 그림에서 볼 수 있는 것처럼 저항면이 비교적 작기 때문이다. 효과적으로 서까래의 추력을 저항하기 위해서는 장부홈을 파고 남아있는 단면이 장부촉이 가하는 수평 전단력을 저항할 수 있을 만큼 충분해야 한다. 이는 $S_p = P/A$ 공식을 사용하여 구할 수 있다(S_p는 수평 전단력 응력 값, P는 하중, A는 저항력을 가지는 단면 면적을 의미한다). 물론 각 구성원의 접착면에서 발생하는 마찰력이 저항력을 높여줄 수 있지만 이에 의존해서는 안 된다.

앞서 몇 번 살펴봤듯이 적합한 접합기법을 선택하기 위해서는 조인트에 작용하는 힘을 먼저 분석해야 한다. 프레임에 작용하는 힘을 가장 쉽게 이해하는 방법은 힘이 프레임 구성원이 아닌 조인트에 작용한다고 생각하는 것이다. 흔히 볼 수 있는 다이어그램에서 힘의 종류와 방향을 나타내는 화살표는 팀버 내 구조물에 가해지는 힘을 나타낸다. 만약 트러스 내부의 추가적인 힘이 없다면 주로 들보에 작용하는 힘은 같은 크기를 가지고 반대 방향으로 조인트에 작용된다고 볼 수 있다. 즉, 프레임 구성원에 작용하는 압축력은 조인트에 인장력을, 구성원에 작용하는 인장력은 조인트에 압축력을 가한다. 하중을 효과적으로 지탱할 수 있는 킹 포스트 트러스를 설계하는 것은 사실 어려운 작업이 아니다. 전통적인 킹 포스트 접합기법은 중세 유럽에서 쓰인 것과 동일하다. 고려해야 할 변수는 하중에 따라 달라지는 저항면이다. 즉, 트러스가 지탱해야 하는 하중이 가하는 힘을 계산하고 이에 따라 적합한 저항면을 가지도록 접합면을 설계해야 한다. 이는 트러스의 다른 모든 조인트에서도 마찬가지로 적용된다. 프레임 내에서 힘이 어떻게 작용하는지 이해하는 것은 트러스 설계에서 필수적인 단계이다. 전통적인 접합기법은 검증된 접근법을 제공해 주며 이를 하중에 맞춘 올바른 계산을 따라 실행한다면 충분한 저항력을 가진 트러스를 설계할 수 있을 것이다. 물론 이는 전통적인 접합기법에 대한 내공을 필요로 한다. 또 프레임 구조가 복잡해지며 전통적인 기법의 한계치를 넘어가기 시작하면 프레임에서 힘이 어떻게 작용하는지에 대한 이해가 매우 중요해진다.

퀸 포스트 트러스(queen-post truss)

전통적인 퀸 포스트 로프 및 트러스 기법은 다양한 양식으로 다시 세분된다. 주로 퀸 포스트는 트러스 내부의 하나의 구성원으로 쓰이지 트러스의 주요 구성요소 혹은 트러스 그 자체로 쓰이지는 않는다. 전통적인 프레임에서 퀸 포스트는 커먼 래프터(common rafter)의 하중을 전달하기 위해 설치되는 측면 중도리(side purlin)를 지탱하기 위해 사용된다. 이는 클리어 스팬 트러스의 구조에 변화를 주는데 퀸포스트는 집중된 하중을 들보에 전달해 주는 역할을 한다. 즉, 퀸 포스트는 지붕들보를 지지대 삼아 집중된 하중을 지탱하는 기둥으로써 기능하는 것이다. 물론 이러한 방식이 팀버프레임에서 매우 흔하여 실용적인 설계 방식이기는 하지만 이를 트러스라고 부를 수는 없으며 들보와 다른 구조물에 의존하는 하나의 건축요소로 봐야 한다. 트러스의 기본적인 요소인 최소 5개의 구성원과 4개의 조인트(아래 트러스의 구성 참고)를 충족하지 않기 때문이다. 즉, 트러스의 기능이 아닌 하중을 전달하는 기능만 하기 때문에 이 경우 들보를 지탱하기 위한 추가 기둥이 필요하게 된다. 지붕들보를 지지하는 구조물이 없다면 플로어 하중을 지탱하지 않는다고 가정할 때 들보의 길이가 6m를 넘어가면 안 된다.

퀸 포스트 트러스는 엄밀히 말하면 트러스가 아닌 단순 구조물이다.
(화천 프로젝트. 화성팀버프레임 설계·시공)

따라서 진정한 클리어 스팬 트러스를 설계하기 위해서는 서까래의 벤딩을 방지하는 칼라타이나 지붕들보의 하중에 대한 저항력을 키워주는 킹 포스트 등 추가적인 구조물이 필요하다. 칼라타이는 퀸 포스트에 의해 지붕들보로 전달되는 하중을 상당부분 절감시켜 주며 퀸 포스트를 압축력이 아닌 인장력을 저항하는 구조물로 변모시킨다. 이 기법을 사용하면 10m 길이의 클리어 스팬 구조물을 지을 수 있다.

다른 대안책은 루프 트러스의 일부로 수직 월 포스트(wall post)를 세우는 것이다. 즉, 기둥의 아래 3분의 1지점과 퀸 포스트 바로 밑 지붕들보 사이에 지지대를 세우는 것이다. 이는 복합 트러스 구조로써 10m 이상의 클리어 스팬 프레임 건축을 가능하게 해준다. 퀸 포스트는 여기서 해머 포스트(hammer post)와 비슷한 역할을 수행한다. 퀸 포스트는 서까래의 아래 3분의 1에서 중앙 사이에 위치해야 하며 그대로 지붕들보와 이어진다. 이는 전통적인 팀버프레임에서 흔히 쓰이는 기법이며 이후 다룰 해머빔 트러스와도 매우 비슷하다.

볼트 트러스(Vaulted Truss)

지붕들보 트러스는 수평 추력에 저항하기 위해 서까래 처마(혹은 기둥 상단)에 접합한 지붕들보에 의존하지만 볼트 트러스는 움직이지 않는 접합부에 의존하여 프레임을 지탱한다. 이는 중세 유럽에 흔히 사용되었던 것처럼 석조건축에 사용되기도 하지만 팀버프레임에도 적용 가능하다. 팀버프레임의 경우 월 포스트를 트러스의 일부로 사용하여 프레임의 기조부로 하중을 전달한다. 즉, 1층의 기조 혹은 2층의 지붕들보를 구조적인 연결부로 사용한다. 구체적으로 이를 가능케 하는 다양한 기법을 알아보자.

아치형 트러스(arch-based truss)

아치형 브레이스 트러스는 서까래, 기둥 그리고 지붕들보에 아치를 직접 연결하여 저항력을 얻는다. 왼쪽 위 사진의 아치 프레임은 칼라타이를 사용한 것을 볼 수 있다. 이러한 구조를 사용하면 6m에 달하는 스팬을 추가 구조물 없이 지탱할 수 있다.

아치에 대한 기본적인 건축적 이해는 로마 제국까지 거슬러 올라간다. 물론 아치의 구조적인 장점이 중세 유럽 팀버프레임에 아치가 도입된 이유이기도 하지만 역사가들은 아치의 기능적인 안정성뿐만 아니라 미관적인 요소도 중요했던 것으로 분석한다. 즉, 대성당에 사용된 정교하고 아름다운 아치가 팀버프레임 설계에도 차용된 것이다. 실제로 아치형 트러스에서의 하중 분산을 분석해 보면 목재로도 훌륭한 아치 구조물을 만들 수 있다는 것을 알 수 있다.

 아치형 트러스는 다양한 모습을 띠지만 가장 단순하고 흔히 사용되는 기법은 서까래의 상단 3분의 1 지점에서 처마를 잇는 아치형 칼라타이를 사용하는 것이다. 구조적으로 아치는 스트럿(strut), 즉 지지대로써 기능한다. 즉, 단순 트러스를 복합 트러스로 변모시키는 것이다. 비교적 넓은 아치형 브레이스와 서까래의 접합면은 구조물에 저항력을 더해준다. 이는 서까래의 형태를 유지시켜 주고 저항력을 키워준다(사실상 서까래의 크기가 커진 것이다). 각 조인트는 상당한 저항력을 가진 거짓 플레이트(gusset plate)로써 기능하며 하우스 장부촉(housed tenon)을 사용한다. 장부촉은 최소 40mm 넓이에 서까래 안으로 120mm 이상의 깊이를 가져야 한다. 180mm 간격으로 나무못을 박게 되면 접합면에 고르게 하중이 분산되어 접합부가 헐거워질 걱정이 없으며 서까래에 힘을 더해준다.

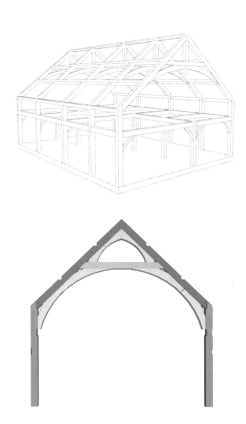

모든 볼트 지붕 트러스의 주요 기능은 수평 추력을 저항하는 것이다. 구조적으로 아치형 브레이스 트러스는 단순 트러스인 브레이스의 결합으로 복합 트러스를 구성하여 추력을 저항한다. 브레이스와 서까래 그리고 칼라타이를 연결하는 접합부가 이 프레임에서 가장 중요한 부분이다. 브레이스의 장부촉은 최소 80~120mm 정도의 길이를 가지고 가능한 접합면을 최대화해야 한다. 나무못은 목재의 중앙에서 120mm 떨어진 지점에서 장부촉의 길이를 따라 설치되어야 한다. 이를 통해 조인트에 작용하는 응력이 더 큰 면적에 고르게 분산된다. 따라서 조인트가 분리되는 것을 방지한다. 이 중 아치 지붕의 경우 칼라타이는 서까래의 상단 3분의 1 지점에 설치되어야 하고 아치는 서까래의 하단 3분의 1 지점에 접합해야 한다. 단일 아치 브레이스 트러스를 사용할 때면 아치의 접합부가 서까래의 처마부터 600mm 이상 떨어지면 안 된다. 이 지점은 매우 중요한데 사실상 트러스의 모든 하중이 작용하는 지점이기 때문이다. 가장 아래쪽의 나무못에 작용하는 벤딩 로드를 신중하게 분석하여 서까래가 디플렉션을 저항할 만큼 두께를 가질 수 있도록 해야 한다.

이론적으로 아치는 그 형태에 따라 기능을 수행하지만 실제로는 아치에 사용된 자재 역시 중요하다. 이상적인 목재는 중세시대처럼 자연스럽게 아치 형태로 자란 나무를 사용하는 것이다. 하지만 현실적으로 어렵다. 따라서 유일한 방법은 목재를 아치형태로 다듬는 것이다.

직선 형태의 목재를 아치형으로 만들기 위해서는 400mm 이상 두께를 가진 목재가 필요하다. 이렇게 아치형 목재를 만들 때 따라야 하는 몇 가지 원칙들이 있다. 먼저 아치형을 파낼 때 목재의 최대 두께의 30% 이상을 제거하지 않도록 조심해야 한다(즉 아치의 곡선형은 목재 최대 두께의 30%를 따라야 한다). 즉, 300mm 두께의 목재를 아치형으로 손질할 때 가장 얇은 부분이 20mm보다 얇으면 안 되는 것이다. 400mm 두께의 목재의 경우에는 최대 130mm를 제거할 수 있을 것이다. 둘째로 아치를 손질하면서 목재의 중심부를 넘어가지 않도록 조심해야 한다. 아치가 이 라인을 따라 쪼개지거나 갈라질 수 있기 때문이다. 셋째로 아치의 크기는 아치의 가장 얇은 부분을 기준으로 계산하는 것이 가장 효과적이다. 즉, 400mm 두께의 목재에서 130mm를 제거하여 아치형을 만들었다면 저항력을 계산할 때 이 목재의 두께를 180mm로 가정해야 한다. 마지막으로 아치형 목재를 신중하게 선택해야 한다. 즉, 결함이 있는 목재를 피하는 것이 좋으며 얇게 파낼 부분에 혹이 없는 목재가 좋다. 아치 구조물에 단기적, 장기적으로 영향을 미칠 결함이 있는지 먼저 확인할 필요가 있다는 것이다. 나무 중심부가 아닌 목재를 구하는 것이 좋으며 만약 상황이 여의치 않으면 손질이 잘된 박스하트(boxed heart) 목재가 차선책이다. 아치의 스팬이 클수록 칼라타이에 가하는 추력이 상당하므로 스트럿이나 킹 포스트가 필요할 수도 있다.

해머빔 트러스(hammerbeam truss)

해머빔 트러스는 하현에 위치한 아치 브레이스로 수평 추력을 저항한다. 이 아치형 브레이스는 기둥의 하단 3분의 1 지점 혹은 그보다 아래에 설치되어야 한다. 해머빔은 기둥 길이의 3분의 2가 되어야 한다. 상단 브레이스의 각도는 지붕의 피치를 고려하여 지붕의 경사와 평행하게 설치된다. 하단 브레이스는 사실상 2차 서까래로써 기능하기에 힘이 동일선상에서 작용하게 하는 것이 중요하다. 칼라타이와 해머포스트는 서까래의 상단 3분의 1 지점과 하단 3분의 1 지점 사이에 위치한다. 해머빔과 해머포스트 비율에 따라 자세한 위치를 결정한다. 해머빔 트러스를 올바른 비율로 설계하면 하중을 기둥의 기반부로 전달할 수 있다. 따라서 씰 덱이 사실상 트러스의 하현부로써 기능한다.

필자는 개인적으로 팀버프레임에 종사하는 사람들에게 한 가지 중독이 있다고 생각한다. 바로 해머빔 루프에 상당히 집착하고 이를 사용하려고 하는 것이다. 오늘날 팀버프레임 사업장에서 상당수의 해머빔 루프가 제작되지만 이 루프 기법은 건축적으로 난이도가 높은 기법임을 명시할 필요가 있다.

해머빔 트러스는 중세시대 후반 영국에서 등장했는데 미적인 요소와 구조적인 안정성을 모두 충족하는, 당시에는 하나의 혁신이었다. 석공 궁륭(vault)을 연상케 하는 아치형 구조에 중간에 지지 구조물을 설치하지 않아도 긴 스팬을 커버할 수 있다는 구조적 이점까지 더해졌기에 널리 사용되었다. 그런데 우리는 이런 아치형 구조물에 익숙해서 해머빔 프레임을 해머빔 트러스라고도 부르는데 이는 엄밀히 말해 틀린 말일수도 있다. 프레임은 궁극적으로는 들보의 인장 저항력, 압축 저항력, 전단 저항력과 벤딩 저항력에 의존한다. 반면 트러스 자체는 순수하게 텐션-컴프레션 구조물인데 전단력과 벤딩 부하를 받지 않도록 설계되기 때문이다. 긴 스팬을 가진 경우 트러스의 장점은 분명한데 들보에 작용하는 인장력과 압축력(나뭇결과 같은 방향으로 작용하는 힘을 가리킨다), 그리고 벤딩 응력이 가하는 부담을 비교해 보면 된다. 즉 예를 들어 2,500mm 길이의 목재를 가로로 뉘어놓으면 하중에 의해 약 70mm 정도 벤딩 현상이 발생하게 되는 반면 이를 세로로 설치하게 되면 물론 길이가 짧아지기는 하겠지만 이는 정말 아주 미약한 정도이다.

디플렉션. 중요한 구성원의 크기를 키우고, 더 좋은 품질의 자재를 사용하여 조인트를 헐거워지지 않게 잘 설계하여 방지할 수 있다.

색(sag). 건축 자재가 하중 때문에 아래로 휘어질 것 같으면 반대방향으로 곡률을 주면 된다.

스프레드(spread). 만약 처마에 이 현상이 발생하여 밖으로 벌어지면 이미 너무 늦은 걸수도 있다. 따라서 철제 지지대를 사용하여 처마를 고정시키는 것이 보편적으로 사용된다.

월포스트 보잉 및 벤딩. 기둥의 크기를 키우거나 더 좋은 등급의 자재를 사용하거나 외부에 지지 구조물을 설치할 수 있다.

버클링(buckling). 비교적 최근에 알려진 위험요소로 스노우 로드가 큰 지방의 경우 해머빔이 서로 엇나가는 경우가 많다는 것이 드러났다. 정확히 무슨 말인지 알고 싶다면 빨대를 위아래에서 눌러보라. 빨대의 한쪽 면에 고정되어 있다고 가정하면 그 반대편으로 빨대가 휘어질 것이다. 이를 해머빔에 적용시켜 보자. 해머빔 역시 수직으로는 브레이스와 월 포스트로 잘 고정이 되어 있지만 수평으로는 고정이 되어 있지 않아 쉽게 뒤틀릴 수 있다. 즉 비대칭의 모습을 하고 있는 해머빔 프레임의 경우 하중에 의한 버클링 현상이 일어났다고 짐작할 수 있다.

물론 버클링 현상은 아직 완벽하게 분석이 된 문제가 아니기에 성급하게 해결책을 내리는 것이 위험한 것은 사실이지만 해머빔과 플레이트 사이에 수평 브레이스를 설치하거나 해머포스와 중도리 사이에 아케이드 브레이스를 설치하는 것을 고려해 볼 수 있다. 밖으로 돌출된 해머빔을 사용하는 경우 외부 플레이트, 지붕 외장 혹은 처마에 의해 고정된다.

엔지니어링. 엔지니어에게 직접 건축 설계도를 검사해 달라고 부탁하면 단순히 발생할 수 있는 구조적 문제를 미연에 발견하고 방지할 수 있을 뿐 아니라 적당한 종류의 목재와 조인트 기법에 대한 유용한 정보도 얻을 수 있다. 해머빔을 오랫동안 제작해 온 작업장들도 매번 엔지니어링 모델을 돌려 자신들의 설계도를 검토하는데 그에 대한 이유가 있을 것이다.

프레임 강화. 월 포스트의 크기를 키우거나, 건축물 스팬을 줄이거나, 루프피치 값을 키우거나, 디플렉션을 예상해 반대방향으로 곡률을 주는 방법이 있다. 구조적 리스크를 없애면서 해머빔의 특징을 살릴 수 있을까? 목재나 철제를 사용하여 해머빔을 서로 잇거나 해머포스트를 건축물 기조부까지 연장하는 방법이 있다. 이러면 해머빔 특유의 모습을 유지하면서 구조적 안정성을 높일 수 있다.

팀버프레임을 의뢰하는 사람들은 그 집을 지은 건축가와 엔지니어를 믿고 자신들의 안전을 맡긴 것이나 다름이 없다. 우리는 이 책임을 매우 무겁게 받아들일 필요가 있다. 그래서 언제나 스스로 최선을 다했는지 물어볼 필요가 있다.

크라운 포스트(crown post)

크라운 포스트라는 용어는 트러스보다는 트러스를 사용하는 루프 시스템에 더 가깝다. 크라운 포스트는 수직으로 위치한 기둥이며 칼라타이에서 끝난다. 크라운 포스트는 칼라중도리(collar purlin)을 지탱하며 이는 다시 칼라타이를 통해 커먼래프터(common rafter)를 지탱한다. 주 서까래 트러스(principal rafter truss)는 보통 10에서 16피트 정도 간격으로 설치되며 2에서 4피트 간격의 커먼 래프터가 그 사이 베이에 들어선다. 중도리가 커먼 래프터를 지지하며(중도리는 크라운 포스트가 지탱한다) 각 벤트는 지붕의 면적에 따라 상당한 하중에 노출되기에 설계 과정에서 이를 계산할 필요가 있다.

커먼 래프터는 서까래지 트러스가 아니다. 따라서 이들은 비교적 가벼운 목재를 사용하며 칼라타이가 주요 구성요소이다. 칼라타이를 통해 지탱을 받으며 탑 플레이트의 수평적 추력을 저항한다. 따라서 칼라타이는 지붕의 하중에 의한 디플렉션 (deflection)을 견뎌내기 위해 상당한 두께를 가져야 한다. 대부분의 전통적인 디자인에서 칼라타이는 지붕 꼭대기와 3-4피트 내로 가깝게 설치되어 벤딩을 최소화한다. 아래 사진은 중세시대의 전형적인 크라운 포스트를 사용한 양식을 보여주는데 주 서까래가 없는 것을 확인할 수 있다. 크라운 포스트와 칼라를 잇는 스트럿이 설치되며 크라운 포스트의 상단 3분의 1지점에서 칼라중도리로 브레이스가 뻗어나간다. 측면 중도리를 서까래를 따라 설치함으로써 하중을 분산시켜 더 적은 수의 목재를 사용하고 더 큰 스팬의 건축물을 가능하게 해준다.

대부분 크라운 포스트 지붕은 8m 이내의 스팬을 가진다. 하지만 아치형 스트럿처럼 부가적인 트러스 구성원을 칼라타이 혹은 하단 접합부 밑에 설치한다면 그 이상의 스팬도 가능하다. 크라운 포스트는 주로 다른 루프 기법의 구성요소로 사용된다. 예시로 해머빔 트러스의 상단 칼라 타이 위에 크라운 포스트를 설치하기도 한다. 이 경우 해머빔과 아치형 브레이스가 하단 루프 프레임을 지탱하며 크라운 포스트는 상단 커먼 래프터의 하중만 지탱한다.

크러크 트러스(cruck truss)

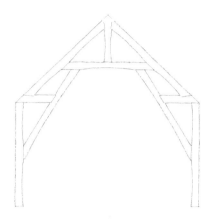

사진 속의 프레임은 2017 워크숍에서 수업했던 크러크 디자인이다.

크러크 트러스는 가장 오래된 팀버프레임 기법 중 하나로 8세기 영국에서 개발되어 주거지나 헛간을 건축할 때 사용되었다. 이 기법을 사용한 가장 오래된 건축물은 13세기로 거슬러 올라가며 주로 영국에서 사용되었다. 크러크 트러스는 지붕과 벽을 지탱하기 위해 서로 반대방향으로 기울어져 A자를 그리는 블레이드(blade)의 쌍으로 구성되어 있다. 전통적으로 블레이드는 휘어진 나무를 반으로 잘라 만든 목재로 만들어진다. 물론 직선 목재도 같은 구조적 개념으로 사용될 수 있다.

다른 중세 트러스 기법과 마찬가지로 크러크 트러스 내에도 여러 가지 변형기법이 존재하지만 가장 흔한 양식은 다음과 같다. **풀 크러크(full cruck)**: 지면에서 건축물 꼭대기까지 일체형으로 블레이드가 설치된다. **베이스 크러크(base cruck)**: 지면에서 칼라타이까지 블레이드가 설치되며 칼라타이가 상단 루프 트러스를 지탱한다. **미들 크러크(middle cruck)**: 블레이드가 벽의 중단부분부터 설치되며(주로 석조 건물에서 사용된다) 칼라타이와 연결되어 상단 루프 트러스를 지탱한다. **레이즈 크러크(raised cruck)**: 미들 크러크처럼 벽에서 블레이드가 올라가지만 건축물의 상단 끝까지 블레이드가 뻗어 올라간다. **조인트 크러크(jointed cruck)**: 블레이드가 여러

개 만들어진다. 하단 블레이드는 주로 월 포스트(wall post)의 기능을 하며 월 플레이트에 상단 블레이드가 설치된다. **상단 크러크(upper cruck)**: 블레이드가 지붕들보의 지지를 받고 건축물의 상단부분까지 올라간다.

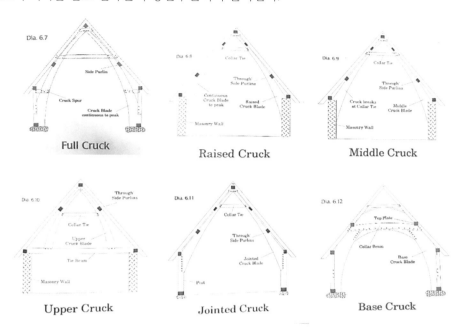

모든 크러크 트러스는 내부의 프레임으로 외부의 지붕과 벽을 지탱한다는 같은 구조적 목적을 가진다. 하지만 풀 크러크와 베이스 크러크가 건축물 전체의 하중을 지탱하기에 벽과 서까래의 부담을 줄여주는 반면 '크러크 양식(cruck-like)'으로 불리는 다른 기법들은 석조 벽과 목재 들보를 지지대로써 사용한다. 즉, 아치형 트러스와 상당한 유사점을 보이지만 중도리를 직접 지탱한다는 차이점이 있다. 전통적으로 크러크 프레임, 특히 풀 크러크는 비교적 짧은 스팬을 가진 건축물에 사용되는데 일체형 블레이드의 길이에 제약이 있을 수밖에 없기 때문이다. 베이스 크러크, 미들 크러크, 상단 크러크 및 조인트 크러크는 좀 더 큰 스팬을 가지지만 그럼에도 8m를 넘는 중세 크러크 트러스를 찾기는 쉽지 않으며 보통 6mm 정도이다. 풀 크러크(full cruck)와 베이스 크러크(base cruck)의 경우 벽은 크러크 돌출부(cruck spur)이라고 부르는 부분을 월 플레이트 높이로 이음으로써 만들어지며 이는 씰과 월 플레이트 사이에 위치에 플레이트를 지탱하는 역할을 한다. 측면 중도리가 블레이드와 연결되며 릿지 중도리(ridge purlin)이 제일 상부에 위치하게 된다. 커먼래프터는 월 플레이트와 연결되어 버드마우스(bird's mouth)기법이 사용되며 측면중도리 위에 놓여 나무못으로 고정된다. 좀 더 큰 건축물에서는 월 플레이트를 지지하기 위해 지붕들보가 블레이드보다 넓게 설치되기도 한다. 기조로부터 3분의 2정도 올라간 지점에 칼라타이거 추가적으로 설치되어 블레이드와 연결된다.

크러크 트러스에서 가장 주요한 지지력은 블레이드의 크기와 아치의 각도에서 나온다. 블레이드 상단의 칼라타이를 제외하면 다른 들보나 지지대를 설치할 필요는 거의 없다. 블레이드의 하단부분은 석조벽면 혹은 씰에 수직으로 연결되며 따라서 바깥으로 작용하는 추력은 사실상 없어진다.

우리 선조들은 풍부하고 훌륭한 팀버프레임들을 유산으로 남겼다. 그들이 지은 건축물을 보면서 우리는 구조물의 안정성에 감명을 받고 선조들의 성공을 조금이라도 닮고자 하는 동기에 이끌려 우리의 건축물을 발전시켜 나간다. 시간이 지나면서 우리가 지은 건축물들도 똑같이 평가를 받을 것이다. 그리고 만약 우리가 성공적으로 프레임을 짓는다면 이는 세대를 거쳐 영감을 주는 건축물로써 그 존속을 이어갈 것이다.

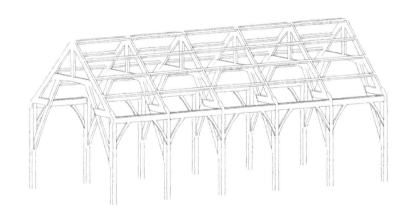

트러스의 구성

웹스터 사전은 트러스를 "안정적인 프레임을 지탱하는 건축 구성원의 집합"으로 정의한다. 구조적인 정의를 내리자면 안정적인 프레임이란 3개의 구조물이 삼각형으로 연결되어 접합부가 같은 선상에 놓이지 않도록 하는 것이다. 하지만 단순한 삼각형 구조물을 트러스라고 할 수는 없다. 트러스는 이 삼각형 구조물에 최소 2개의 구성원을 더하고 그에 따라 새로운 접합부 2개를 더함으로써 만들어진다. 이 접합부는 역시 같은 선상에 위치하면 안 된다. 이렇게 만들어진 구조물을 단순 트러스(simple truss)라고 한다. 단순 트러스는 최소 5개의 구성원과 4개의 접합부로 구성된다. 추가적인 구성원은 불필요하며 이보다 구성원 하나라도 빠지면 불안정해지는 구조적 평형을 이루는 구조물이다. 설계 목적을 위해 조인트 사이에 위치한 모든 구성원은 비록 같은 목재일지라도 다른 구성원으로 여겨진다. 2개 이상의 단순 트러스를 더하여 하나의 프레임으로 만들 수 있는데 이를 복합 트러스(compound truss)라고 한다. 모든 트러스는 그 모양이 어떻든 단순 트러스의 조합으로 이루어져 있다.

트러스 이론

트러스의 목적은 프레임의 구성원과 조인트에 가해지는 하중을 기조부분으로 효과적으로 전달하는 것이다. 이를 성공적으로 수행하기 위해서는 프레임은 정적 평형을 이루어야 한다. 뉴턴의 이론에 따르면 모든 작용력에는 그에 대해 반대방향으로 작용하는 같은 크기의 반작용력이 있다. 이 법칙은 트러스 설계의 기본적인 과학 원칙으로 작용한다. 설계자의 목표는 결국 프레임에 외부적으로 가해지는 힘(작용력)과 그 내부에서 작용하는 힘(반작용력)을 계산하고 이를 효과적인 구조물 설계로 상쇄하는 것이다. 단순 트러스의 구성은 이 목적을 달성하기 위해 설계되었고 다수의 단순 트러스를 조합하여 어떤 상황에서든 같은 목적을 달성하는 복합 트러스를 설계할 수 있다. 즉, 적합한 트러스를 사용하면 구조물의 스팬과 상관없이 조인트에 가해지는 하중을 적절한 지지 구조물로 전달할 수 있다.

조인트 시스템. 설계시 편의를 위해 트러스에 가해지는 하중은 조인트에만 작용한다고 가정하며 구성원에 가해지는 벤딩 로드(bending load)는 배제한다. 즉, 유일한 변수는 구성원에 직접 작용하는 힘뿐이다. 따라서 트러스를 인장력과 압축력에만 노출돼 있는 조인트 시스템으로 보는 것이 이상적이다. 물론 현실적으로 트러스 구성원에 작용하는 힘은 존재하며 트러스가 하나의 들보로서 기능하려면(트러스는 결국 단순 들보의 힘을 증가하는 원리에 기반한다) 이들에 작용하는 벤딩 모멘트(bending moment)를 고려해 적합한 조인트의 숫자와 기법을 결정해야 한다. 만약 하중이 가하는 힘이 트러스 조인트의 한계를 넘어선다면 추가 구조물을 설치하거나 새로운 조인트 시스템을 통해 하중을 분산시켜 구조적 평형을 이루어야 한다. 하나 이상의 구성원이 하중에 의해 디플렉션(deflection) 현상을 보인다면 그에 따른 또 다른 힘이 프레임에 작용하게 되며 이는 조인트의 비틀림 및 회전으로 이어질 수 있다. 만약 이 회전력이 조인트의 저항 한계를 넘어서게 되면 조인트 시스템, 즉 트러스 전체의 균형이 깨지게 된다. 트러스가 효과적으로 기능하려면 모든 조인트가 정적 평형 상태에 있어야 한다. 즉, 모든 조인트에 고르게 하중이 분산되어야 하며 각 조인트가 지탱하는 하중이 안전범위를 넘어가면 안 된다는 것이다. 트러스의 저항력은 곧 트러스에서 가장 취약한 부분의 저항력이다. 만약 취약지점에 과부하가 걸리면 전체 구조물이 실패한다.

조인트 시스템을 중요 요소로 고려함으로써 트러스는 더 작은 목재로 보다 큰 스팬을 가진 구조물을 설계할 수 있게 해준다. 목재의 크기가 작을수록 목재가 가하는 데드로드(dead load)가 작아지며 이에 따라 트러스의 저항력은 커지게 되기 때문이다.

구조의 균형과 미관. 만약 프레임의 저항력을 높이기 위해 목재의 크기에만 신경을 쓰고 있다면 트러스가 아닌 단순한 목재 골조를 만들고 있는 것일 수도 있다. 물론 이에 의존하는 것이 나쁘다는 것은 아니다. 본래 트러스 기법은 활용할 수 있는 자재의 물리적인 한계점을 뛰어넘는 구조를 만들어야 할 때를 위해서 고안된 것이기 때문이다. 그러나 팀버프레임은 일반적인 건축물과는 다르다. 강철 거짓 플레이트로 고정한 트러스로 구조물을 구성하고 스트럿의 개수와 배열의 미적 고려사항보다 트러스의 안정성을 중요시하는 건축물들과는 다르게 팀버프레임을 짓는 건축가는 구조의 미묘한 균형과 비율 그리고 시각적 미를 중요시해야 한다. 팀버프레임에서 트러스는 건축물의 주요한 특징으로 남게 되며 구조물의 시각적 개관에 미묘한 뉘앙스와 효과를 더해준다. 또 팀버프레임에서 시각적인 효과를 위해서 구조적으로 꼭 필요하지 않는 구조물을 첨가하는 것도 사실이나 너무 많은 불필요한 장식으로 전체적인 시각적 아름다움을 망치는 것도 주의해야 한다. 이는 맞추기 어려운 균형점이다. 이를 달성하기 위해서 구조적 균형을 위해 목재의 크기를 조절하는 것이 추가적인 스트럿을 설치하는 것보다 나을 수 있다(이를 통해 트러스에 대한 의존도 역시 줄일 수 있다). 이 때문에 우리가 트러스라고 생각하는 구조물이 실은 트러스가 아닐 수도 있는데 트러스 구조로 지탱하고 있다고 생각하는 하중이 사실상 각각 구성원에 의해 지탱받고 있을 수 있기 때문이다. 이 경우는 각각의 구성원들이 하나의 트러스처럼 오로지 자재의 물리적 저항력에 의지하여 정적 균형을 유지하는 것으로 마치 단순 조인트(simple joint)와도 같은 기능을 하고 있는 것이다. 물론 이는 문제될 점이 없지만 프레임 설계와 단순한 변덕이 아닌 것이 아니라 정확한 트러스 메커니즘에 기반을 두는 것이 중요하다.

트러스에 작용하는 힘. 앞서 언급되었듯이 트러스에 작용하는 힘은 외부와 내부에서 작용하는 힘으로 나누어진다. 외부에서 작용하는 힘은 지붕의 하중, 즉 라이브 로드(바람, 눈 등에 의한 하중)와 데드 로드(지붕을 이루는 자재의 하중)의 결과물이며 내부에서 작용하는 힘은 이 하중에 의해 발생하는 프레임 내부의 구성원 그리고 조인트 사이에서 작용하는 반작용력을 의미한다. 프레임에 작용하는 힘의 효과를 분석하려면 힘의 크기, 방향 그리고 힘이 가해지는 지점을 고려해야 한다. 이 특징을 계량화함으로써 목재의 크기, 스트럿의 위치 그리고 접합기법을 결정할 수 있다.

건축 구성원에 작용하는 응력. 응력이란 프레임 내부의 저항력과 외부의 하중에 의해 가해지는 힘을 합친 값으로 단위 면적당 가해지는 힘으로 측정된다. 응력을 구하는 공식은 **S = P/A**로, S는 단위 면적당 응력 값, P는 가해진 하중, A는 단면적을 의미한다. 하중이 고르게 분산된 수평 구조물의 특정 지점에 가해지는 힘을 구하는 공식은 **W = lw**로 W는 축적된 하중(lbs), l은 구조물의 길이(ft), w는 분산된 하중(lbs/ft)을 의미한다. 들보에 작용하는 하중이 증가할수록 벤딩 응력 역시 증가하며 들보의 중앙지점에서 최대값에 달한다. 물리적인 자재를 사용하는 구조물의 경우 이 지점을 무게중심(center of gravity), 혹은 벤딩 모멘트(bending moment)라고 한다. 반면 설계 과정에서 하중을 계산할 때 이론적인 측면에서 접근할 때는 이를 도심(centroid of an area)이라고 한다.

트러스는 결국 단순보와도 같은 기능을 하기에 이 공식을 사용해 트러스에 작용하는 총 하중을 구할 수 있다. 서까래 역시 데드로드와 눈으로 인한 하중에 의해 수직적인 벤딩 로드(bending load)그리고 바람에 의한 수평적인 벤딩 로드를 받는다. 수직적 하중의 경우 서까래의 길이가 아닌 수평 스팬의 길이에 의해 결정되며 수평 하중의 경우 서까래의 길이에 의해 결정된다. 트러스와 독립적으로 서까래의 최대 벤딩 모멘트를 구하기 위해서는 **WL/8** 공식을 사용한다. 이를 통해 스트럿 요구사항과 트러스 내의 위치를 결정한다.

물론 이론상 가능한 최대 하중이 모두 동시에 작용하는 것은 불가능에 가깝다. 따라서 최대 하중을 계산할 때는 주로 데드로드의 총합과 라이브 로드의 일부 값을 채용하는 공식을 사용한다. 건축법 역시 이를 고려하여 다양한 지역의 다양한 양식의 지붕에 대한 라이브로드 허용범위를 설정한다. 일반 주택의 경우 남쪽 지역에서 이는 제곱피트당 10파운드, 북쪽지역에는 제곱피트당 90파운드 정도이다. 대부분 지역에서 총 지붕 하중은 보통 제곱피트당 50파운드이다.

2) Load Distributions

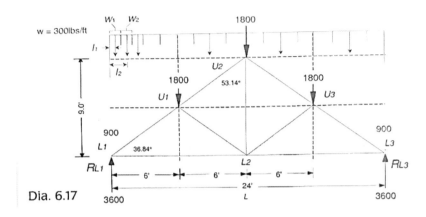

Dia. 6.17

정적 평형이 이루어졌는지 구하기 위해서는 구조물에 작용하는 하중을 먼저 알아야 한다. 위의 예시에서 트러스는 10피트 간격으로 설치되었고 지붕의 하중이 스퀘어피트당 30파운드라고 가정했을 때 선형피트당 작용하는 하중 w를 구하려면 w = 30 * 10 = 300. 따라서 트러스에 작용하는 총 하중 W를 구하기 위해서는 W = Lw = 24 * 300 = 7,200lbs. L은 트러스의 길이, I는 단위당 길이, w는 단위 하중, W는 총 하중을 의미한다. 각 조인트에 작용하는 하중은 다음과 같이 구할 수 있다. L_1 = 3 * 300 = 900; U_1 = 6 * 300 = 1800; U_2 = 6 * 300 = 1800; U_3 = 6 * 300 = 1800; L_3 = 3 * 300 = 900.

구조물이 정적 평형 상태에 놓이기 위해서는 구조물에 작용하는 힘의 합이 0이어야 한다. 이는 곧 ΣFx=0(수평축), ΣFy=0 (수직축); ΣM=0(모먼트 값)을 의미한다. 모먼트 값은 한 지점을 기준으로 회전을 일으키는 힘을 의미하며 하중의 크기와 거리를 통해 계산하며 이를 기반으로 반작용력 역시 구할 수 있다. RL_1 과 RL_3에 작용하는 반작용력을 구하기 위해서 모먼트 공식을 사용하면 된다. 위의 예시에서 공식은 다음과 같다.

$\Sigma M\ L_1 = 0$: (6) (1800) + (12) (1800) + (18) (1800) + 24 * 900 − 24RL_3 = 0.
86,400/24 = 3600, 따라서 RL_3 = 3,600.

RL1을 구하기 위해서는 공식을 거꾸로 적용하면 된다. 이를 위해서 $\Sigma Fy=0$를 사용한다.

$\Sigma Fy = 0$: 3600 − 900 − 1800 − 1800 − 1800 − 900 + RL_1 = 0: RL_1 = 3,600.

(출처 "timber framer`s workshop")

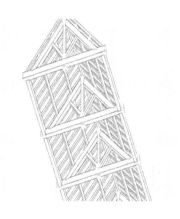

하중이 가하는 힘(force load) 구하기. 하중에 의해 가해지는 힘을 구하는 과정은 매우 복잡하며 고려해야 하는 사항이 상당히 많다. 물론 여기서 모든 자세한 사항을 기술하는 것을 불가능하겠지만 유용한 공식 몇 가지를 다시금 상기해 보는 것만으로도 의미가 있을 것이다. 트러스의 목적은 하중을 조인트 시스템에 하중을 고르게 분산시키는 것이다. 이는 스트럿의 적절한 배열 통해 이루어지는데 스트럿의 위치는 트러스 구성원의 하중 저항력에 대한 고려와 함께 최적의 트러싱을 위해 결정되어야 한다. 이를 위한 첫 번째 단계는 트러스에 가해지는 힘의 크기, 방향 그리고 작용 지점을 계량화하는 것이다.

트러스에 작용하는 힘은 정량 가능한 힘과 정량 불가능한 힘으로 나뉜다. 정량 가능한 힘은 외부의 하중이 가하는 힘으로 무게, 거리, 면적 등 계량화할 수 있는 값들로 구할 수 있다. 정량 불가능한 힘을 계산하기 위해서는 먼저 이 값들을 프레임에 적용해야 한다. 분산된 하중에 대한 각 건축 구성원이 받는 응력을 구하는 공식 **W = lw**를 사용하여 지붕 하중 총량을 구할 수 있다. 트러스에서는 중량이 조인트에 작용하는 것으로 가정하기에 서까래의 모든 조인트에 대해 이 공식을 적용하여 각 조인트에 작용하는 하중을 구할 수 있다. 모든 작용력은 같은 크기의 반작용력을 가지기에 트러스에 작용하는 하중은 곧 위쪽으로 반작용하는 추력을 발생시킨다. 대칭 구조에서 이 추력의 값은 동일하지만 비대칭 구조물에서 혹은 건축물의 꼭대기 지점이 스팬의 중앙에 위치하지 않은 경우 힘의 분산이 고르지 않기 때문에 균형을 맞추기 위한 스트럿의 설치가 필수적이다. 이 분산을 분석하기 위해 정적 평형 공식을 사용하게 된다.

정적 평형 공식. 정적 평형이란 본래 정지해 있는 물체에 힘이 가해졌을 때 정지상태가 유지되는 것을 의미한다. 즉, 물체에 가해지는 힘의 총 값이 0에 수렴한다는 것을 의미한다. 정적 평형 공식은 수직축, 수평축 그리고 물체에 가해지는 모든 축의 모멘트 값에 대한 공식으로 구분된다. 공식은 다음과 같다.

$$\text{수평축: } \sum Fx = 0$$
$$\text{수직축: } \sum Mz = 0$$
$$\text{조인트에 대한 모멘트: } \sum Mz = 0$$

쉽게 말하자면 이는 트러스에 작용하는 수직적, 수평적, 회전축에서의 힘의 합이 0이라는 것이다. 즉, 구조가 완전한 균형에 놓여 있는 것이다. 다이어그램 6.17은 이 공식을 어떻게 활용할 수 있는지 예시와 함께 보여준다.

합력(resultant force) 구하기. 외부 하중을 구한 이후 다음 단계는 조인트에 작용하는 응력을 구하기 위해 트러스 내부에서 작용하는 힘의 크기와 방향을 계산하는 것이다. 이를 통해 적합한 접합기법과 스트럿의 위치를 파악할 수 있다. 힘이 교차하는 지점(공점력이라고도 한다)에서 합력이 발생하는데 이 크기와 각도를 구하면 트러스 내에서 하중이 어떻게 분산되는지 알 수 있다. 만약 2개의 힘이 직각으로 교차한다면 합력은 피타고라스의 정리를 사용한다(다이어그램 3참고). 직각이 아닌 경우는 합력은 코사인 법칙으로 구한다.

$$\boxed{A = \pi r^2}$$
$$\boxed{a^2 = b^2 + c^2 - 2bc\cos\theta}$$

a는 합력을, b와 c는 각 힘의 선(line of force), θ는 힘이 교차하는 각도를 의미한다. 수직 혹은 수평축을 따라 작용하지 않는 힘의 경우는 대각선 축을 만들어서 계산한다. 각 힘 사이의 관계는 하중의 크기와 관계없이 일관적이다. 모든 작용력에 대한 반작용력이 존재하기에 특정 조건에서 발생하는 힘은 같은 값을 가진 반대 방향의 힘을 발생시킨다. 즉, 물체 외부에서 작용하는 힘은 다른 외부의 힘에 영향을 주지 않고 힘의 선상 위에 있는 어떤 지점에서도 동일하게 작용한다.

삼각법을 사용하면 한 방향의 힘의 크기와 각도 작용 지점만 알면 어떠한 공점력이든 그 합력을 구할 수 있다. 물론 이런 사항들 말고도 트러스를 설계할 때 고려해야 하는 요소들은 많다. 그럼에도 이런 기본적인 원칙들에 기반하여 트러스에서 하중이 어떻게 분산되는지 이해하고 각 조인트에 작용하는 하중을 구할 수 있다. 이 이해를 바탕으로 보다 자신감 있게 접합기법을 설계할 수 있을 것이다. 또 이러한 원칙들을 실제로 몇 번 적용해 보면 그 과정이 비교적 간단하다는 것을 알 수 있을 것이다. 결국 보다 유연하고 창의적인 프레임 설계가 가능해질 것이다.

3) Determining Resultant Forces

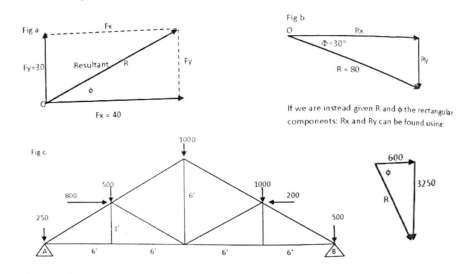

도표 a. F_x = 40; F_y= 30이 주어졌을 때 피타고라스 정리를 사용해 합력 R을 구할 수 있다. $R^2 = F_x^2 + F_y^2$ 따라서 R = 50. 직각 삼각형의 경우 다음과 같은 공식이 유용하다. Sin∅ = 대변/빗변 = F_y/R. Cos∅ = 인접변/빗변 = F_x/R. Tan∅ = 대변/인접변 = F_y/F_x. 각도 ∅는 다음과 같이 구할 수 있다. Tan∅ = 30/40 = $\tan^{-1}$(3/4) = 36.87도.

도표 b. 반면 도표에서처럼 각도∅와 빗변 R이 주어질 경우 R_x와 R_y를 다음과 같이 구할 수 있다. R_x = R Cos∅ = 80 Cos30 = 69.8. R_y = R Sin∅ = 90 Sin30 = 40. 구조물에 힘이 복합적으로 작용할 경우 이를 모두 분리하고 위의 방법을 사용해 F_x와 F_y를 구한다. 이후 F_x값을 모두 더해 R_x값을, F_y를 모두 더해 R_y값을 구한다.

도표 c. 도표 c에서 볼 수 있는 프레임에 작용하는 수직과 수평힘을 확인할 수 있다. 이때 힘의 총합을 구하는 방법은 다음과 같다. 먼저 도표 b에서 살펴본 것처럼 R_x = F_x의 총합

= 800 − 200 = 600lbs(오른쪽으로 작용하는 힘). R_y = F_y의 총합 = 250 + 500 + 1000 + 1000 + 500 = 3250lbs(아래로 작용하는 힘). 도표 a에서 볼 수 있다시피 합력 R^2 = 600^2 + 3250^2. R = 3305lbs. Ø = tan^{-1} (3250/600) = 79.5도.

R은 프레임에 작용하는 힘의 총량이며 는 이 힘이 작용하는 방향의 각도를 의미한다. Rx 와 Ry값 역시 프레임을 지지하는 구조물에 작용하는 수평 및 수직 하중을 알 수 있기에 유용하다. 즉, 도표 c에서 기둥 A와 B는 3305 파운드의 하중을 견딜 수 있어야 하며 수평으로 작용하는 600파운드의 힘을 견디기 위해 니브레이스와 외벽을 정확히 설계해야 한다. A와 A에 작용하는 힘을 구하기 위해서 A에 가해지는 모먼트 값을 구해보자. 시계방향으로 작용하는 힘을 양수로, 반 시계방향으로 작용하는 힘을 음수로 두면 A의 모먼트 값이 0이 되기 위해서, 즉, 250(0) + 800(3') + 500(6') + 1000(12') + 1000(18') − 200(3') − 500(24') − B(24') = 0이라는 공식을 충족하기 위해서는 B = 1950lbs. A + B = 3305이므로 A에 작용하는 힘은 1355lbs이다. 이런 불균형한 하중의 분산은 바람과 눈 등의 기상 현상에 의해 일어나곤 한다.

(출처 "timber framer`s workshop")

나무를 목재로 다듬고 목재를 다시 구조물로 배열할 때 신중할 필요가 있었으며 목재에 대한 정교한 이해를 필요로 하다. 무릇 건축가는 후대에 감명과 숭상을 줄 수 있는 건축물을 설계해야 할 것이다. 이를 통해 자신의 건축물이 보존되는 것이다. 이러한 존경을 낳아내지 않는다면 건축물의 수명은 매우 짧아질 것이다.

전통 팀버프레임에서 사용된 목재

산업혁명 이전에 활동한 목수들은 대부분 지역에서 혹은 건축 현장에서 자라나는 나무들을 사용하여 팀버프레임을 만들었다. 이처럼 특정 지역의 토종 목재만 사용하다 보니 각 목재에 적합한 양생(curing), 시즈닝(seasoning) 및 접합기법이 시행착오를 거쳐 개발되었다. 좋은 품질의 목재가 고갈됨에 따라 새로운 목재를 찾게 되었고 그에 따라 또 새로운 기준이 만들어졌다. 예시로 독일에서는 오크나무가 16세기부터 팀버프레임의 주자재로 사용되지만 17세기 중반에 이르러 유럽의 오크나무 숲이 거의 황폐화되면서 소나무와 가문비나무가 이를 대체하게 되었다 영국의 경우 침엽수가 많지 않았기에 목수들은 오크나무에 의존해야 했고 한정된 공급량 때문에 숲을 잘 관리할 수밖에 없었다. 오크나무가 고갈되면 영국 느릅나무로 시선을 돌렸지만 유럽 대륙에 비하면 선택의 폭이 좁을 수밖에 없었다. 따라서 건축물에 쓰기 위해 오크나무를 베어내면 그 자리에 오크나무 묘목을 심는 것이 당시의 흔한 관행이었다.

　뉴잉글랜드 주의 초창기 목수들은 17세기 첫 정착 이후로 오크나무와 밤나무만을 사용하여 건축물을 지었다. 이들은 영국에서 훈련된 목수들이었기 영국의 관행을 따랐다. 18세기 후반에 이르러서는 대부분의 건축물이 연목을 사용하여 지어졌다. 소나무가 주로 거주 주택에 사용되었으며 창고 프레임은 솔송나무를 사용했다. 이는 침엽수 군락이 많은 데다가 미국 독립전쟁이 끝나면서 영국 왕실 해군의 침엽수 독점 역시 끝났기 때문이다. 그러나 19세기 후반까지는 미국 내륙 지방에서 여전히 오크나무와 밤나무 목재가 널리 쓰였다. 남쪽 지방의 목수들은 옐로우 파인(yellow pine), 오크나무, 밤나무를 사용했고 동쪽 해변가 지역에서는 건축현장에서 자라나는 나무 중 적절한 것을 골라 사용했다.

팀버프레임 나무들

팀버프레임을 건축할 때 중세시대부터 지역을 막론하고 목수들이 선호해 온 네 가지 목재가 있는데 오크나무, 소나무, 가문비나무 그리고 전나무가 그것이다. 북아메리카의 광대한 삼림지와 거기서 자라는 수많은 연목 그리고 경목 나무들이 초창기 목수들에게 넓은 선택의 폭을 제공해 준 것도 사실이나 이 네 가지 종류의 목재는 전통적으로 그 품질과 범용성, 안정성, 구조적 특징이 입증되었기에 아래 오늘날 가장 흔히 쓰이는 목재들을 정리해 놓았다.

레드오크와 화이트오크. 이 두 가지 오크나무는 아름답고 풍부한 나뭇결뿐만 아니라 강한 강도를 가지고 있어 안정적이고 비틀림 및 굽음 현상이 잘 발생하지 않는다. 하지만 건조 과정이 느리며 너무 급하게 건조했을 때 쪼개질 수 있는 단점이 있다. 오크나무 자체는 굉장히 무겁고 단단하지만 수동 혹은 전동 공구가 잘 들어 수평 수직으로 모두 깔끔하고 날카롭게 손질이 가능하다. 화이트 오크는 나뭇결이 두드러지게 보이지 않으며 나뭇결이 보다 큰 레드오크보다 잘 썩지 않는다. 화이트 오크는 보다 밀도가 높고 따라서 손질하기가 더욱 어렵다. 그러나 오크나무 자체가 밀도가 높기에 레드오크 역시 작업 강도가 상당하다. 이보다 품질이 낮은 핀오크나무, 블랙오크나무, 비콜로르오크나무, 가시오크나무가 레드오크와 혼동되는 경우가 많다. 이런 목재는 레드오크와는 확연히 다른 목재이며 기찻길 혹은 팰릿의 재료로만 사용되기에 주의해야 한다. 북쪽 지역에서 자란 나무가 좋으며 모든 구조물, 조이스트 및 중도리에 사용된다.

스트로브잣나무(White pine). 스트로브잣나무는 가볍고 강도가 상당한 목재로 연목나무 중 레드우드 다음으로 안정적인 목재이다. 비틀림 혹은 굽음 현상에 대한 저항이 높고 건조가 상당히 빠르게 관리만 잘하면 쪼개질 걱정도 없다. 또 나뭇결의 방향과 상관없이 수동 및 전동 공구로 손쉽게 손질이 가능하다. 그러나 건조 후 부서지기 쉽기에 약간의 주의가 필요하다. 아마린유 및 테레빈유로 목재 끝부분을 처리해 주면 손상될 위험을 덜어준다. 스트로브잣나무는 동쪽에서는 메인주부터 사우스캐롤라이나 서쪽에서는 미시간까지 분포한다. 뉴햄프셔, 메인, 미시간 상부에서 나온 목재가 가장 좋은 품질을 자랑하며 노스캐롤라이나, 버지니아, 웨스트버지니아, 그리고 펜실바니아 주의 산맥에서 자라는 스트로브잣나무도 훌륭한 목재이다. 반면 보다 습하고 낮은 지역에서 자라는 나무는 피해야 한다. 모든 구조물, 12피트 이하의 조이스트, 16피트 이하의 중도리에서 사용되며 프레임을 스트로브잣나무로 지었다면 주로 가문비나무나 솔송나무로 조이스트와 중도리를 짓는다.

개솔송나무(Douglas fir). 소나무와 오크나무의 장점을 합친 목재로 풍부한 색감, 가벼움, 높은 강도를 자랑한다. 오랫동안 길러서 밀도가 상당히 높은 목재는 안정적이지만 빠르게 자란 나무를 쓰면 비틀림, 굽음 및 수(pith)가 위치한 목재의 경우는 쪼개짐 현상이 발생할 수 있다. 건조 과정은 빠르지만 부서지기 쉽다는 단점이있다. 따라서 나뭇결과 수직으로 손질하기 까다롭다. 노던캘리포니아와 브리티시컬럼비아 주의 해변가와 내륙 지방에서 자란 목재가 좋다. 프레임의 모든 구조물에 사용되며 조이스트 중도리에도 사용된다.

가문비나무(Spruce). 모든 목재 중 질량당 강도가 가장 높다. 하지만 나뭇결이 매우 가늘어 수동 공구로 작업하기 힘들다. 심한 뒤틀림, 쪼개짐, 선회목리(spiral grain) 현상에 취약하며 160mm 이상의 목재의 경우에는 건조 후에도 생기가 남아 있다. 쪼개짐 현상에 매우 취약한 목재가 존재하기에 나무못을 사용할 때 이를 신중하게 고려해야 한다. 싯카, 엥겔만, 화이트스프루스 종이 훌륭하며 프레임에서는 2차 구성원을 지을 때 사용되는 것이 이상적이다. 조이스트, 중도리, 커먼래프터 또는 160~200mm 이하의 구성원으로써 사용될 수 있다. 프레임의 주요 구성원을 지을 때는(특히 나무못을 사용하는 경우에) 잘 사용되지 않는다.

옐로우 소나무(Yellow pine). 옐로우 소나무는 밀도가 높고 무겁다. 성장을 빨리 한 목재를 사용할 경우 쪼개짐, 비틀림, 그리고 작은 목재의 경우는 굽음 현상이 일어날 수 있다. 그러나 좀 더 오랫동안 자라서 나뭇결의 밀도가 높은 목재의 경우는 상당히 안정적이다. 매우 강도가 높은 목재이지만 잘 휘어지는 특성을 가지고 있기에 디플렉션 현상을 방지하기 위해서는 스팬을 짧게 가져가야 한다. 하지만 회복력이 매우 좋고 전단력에 대한 저항력이 오크나무와 비슷하다. 이러한 특징 덕분에 사교무도와 스윙댄스가 유행했을 때 무도실의 바닥 자재로 주로 사용되었다. 건조 과정이 느리고 잘 말려졌을 때 나무의 진이 느껴진다. 이는 일종의 방부제로써 작용하며 나뭇결과 수직으로 손질할 때 작업을 용이하게 해주지만 밀도가 높은 목재의 경우 건조 후에는 바위처럼 단단해져 작업하기 어려울 수 있다. 대왕송(longleaf pine), 에키니타소나무(shortleaf pine), 로블로리소나무(loblolly pine)를 쓰는 것을 권장한다. 프레임 내의 모든 구성원의 자재로 사용 가능하며 넓이 대 깊이 비율이 1대 2 이하인 경우 조이스트, 중도리, 커먼 래프터에도 사용이 가능하다.

솔송나무(Hemlock). 솔송나무는 적당한 강도를 가지고 있지만 시간이 지남에 따라 다양한 결함을 드러내는 문제점을 지닌다. 따라서 등급을 매기기 어려우며 FHA 모기지처럼 주에서 진행하는 건축 프로젝트에서 사용이 금지되어 있다. 뒤틀림과 굽음 현상에 대한 내성은 상당하지만 다른 면에서는 예측하기 어렵다. 윤할(shake) 및 횡단면 할렬(end check) 현상이 일어날 수도 있다. 부서지기 쉬우며 건조하지 않으면 작업 난이도가 높지만 너무 많이 건조하게 되면 작업이 불가능해진다. 눈에 보기에 예쁠수록 결함이 심할 가능성이 높다. 대패질을 하고 기름칠을 하면 매우 아름다운 색을 자랑한다. 사람들이 주로 알고 있는 것과는 반대로 솔송나무는 습기에 노출될 시 상당히 빠르게 썩는다. 200년 전의 솔송나무는 오늘날에 자라는 나무와는 완전히 달랐다. 오늘날 솔송나무의 품질은 매우 낮고 가격도 매우 싸다. 존재하는 목재 중에 가장 품질이 안 좋아 가축을 기르는 축사가 아니면 사용하지 않는데 이는 동물들이 유일하게 먹으려 들지 않는 목재가 솔송나무이기 때문이다. 플로어 조이스트로도 사용이 가능하다.

폰데로사 소나무(Ponderosa pine). 이 나무는 옐로우 소나무와 비슷한 특징을 공유하며 팀버프레임에 적합한 목재이다. 옐로우 소나무와 비슷한 강도를 가지지만 기능 자체는 스트로브잣나무와 비슷하지만 좀 더 무겁고 쪼개짐에 보다 취약하다. 폰데로사 소나무는 등급 기준이 정해져 있다. 프레임 내의 모든 구조물에 사용되며 조이스트, 중도리, 커먼 래프터의 자재로 사용된다. 이는 단지 다양한 종에서 주로 나타나는 특징들이며 각 종 및 지역에 따라 그 특징은 크게 변한다.

비주얼, 구조적 등급

팀버프레임에서 구조적 등급(structurally graded) 혹은 스트레스 등급이 매겨진 목재는 개솔송나무, 가문비나무, 옐로우 소나무 등으로 한정적이다. 스트로브잣나무와 오크나무는 주로 스트레스 그레이드가 매겨지지 않으며 비주얼 등급(Visual Grading Standards)만 (가공 후 재목에 사용되는 기준을 의미한다) 매겨진다. 따라서 목재상에 가서 등급이 매겨진 스트로브잣나무와 오크나무를 선택하는 것은 불가능하다. 이는 나무의 특징 때문이 아니라 팀버프레임의 재부흥 이전에 이 목재들은 상업적으로 가공된 재목(finish lumber)으로써 가치를 가졌기 때문에 스트레스 등급을 매길 필요가 없었기 때문이다. 특정 목재의 공식적인 스트레스 등급 기준을 정하기 위해서는 미국 농무부가 요구하는 실험을 거쳐야 한다. 이 나무들을 위한 스트레스 등급을 정하기 위한 노력이 현재 이루어지고 있다.

비주얼 등급의 경우 구조적 등급을 정하는 법칙을 비슷하게 따르며 목재의 물리적인 특성과 강도가 발표된다. 이를 사용하여 정확한 공학적 데이터를 얻을 수 있다. 그러나 대부분의 지역 목재상은 이런 등급이 매겨진 목재를 팔지 않는다. 따라서 작업 현장에서 건축가가 직접 등급을 매길 수밖에 없으며 따라서 목재 기술에 대한 기본적인 이해가 필수적이다.

등급을 매길 때 사용하는 가이드라인은 주로 그레인 슬로프(grain slope), 나무혹의 크기와 위치, 변재와 심재의 양, 윤할 및 횡단면 할렬 등 결함 존재여부 등이다. 공부를 통해 기술적인 정보는 획득할 수 있지만 목재의 미묘한 특징이나 느낌은 오로지 경험으로만 얻을 수 있다. 비주얼 혹은 구조적 등급이 매겨진 목재를 사용하면 건축 요구사항을 충족하는지 알 수 있지만 그것만으로는 목재의 쪼개짐, 휘어짐 및 수축 현상을 예측할 수 없다. 이런 미묘한 특징을 파악하기 위해서는 경험이 필요하다. 모든 목공예 자들의 목표는 과학적인 지식을 쌓고 경험으로만 얻을 수 있는 목재의 미묘한 특성들을 모두 파악하는 것이다.

등급 기준

구조적 등급은 해당 목재에서 발생할 수 있는 물리적 결함을 예측한다는 점에서 그 의의가 있다. 나무의 강도를 감소시킬 수 있는 네 가지 결함으로는 나무옹이(knot), 크로스 그레인(cross grain; 과도한 그레인 슬로프를 의미한다), 윤할(shake) 및 갈라짐(check 혹은 split)이 있다. 이런 결함이 목재의 강도에 미치는 영향은 적절한 강도 비율(strength ratio) 혹은 리덕션 값(reduction factor)을 사용하여 계량화할 수 있다.

옹이(Knot). 옹이는 그 크기와 하중이 가해지는 방향과의 관계에서 위치에 따라 목재의 강도를 감소시킨다. 목재 중심부에 있는 혹은 가장자리에 있는 혹보다 나무의 강도에 영향을 덜 준다. 나무옹이는 압축력을 받는 목재보다 인장력에서 그 영향력이 더욱 커지며 이를 계량화하는 과정은 순전히 이론적으로 마치 목재의 구멍이나 있다고 가정하여 구한다. 결함이 없는 온전한 목재가 해당 목재 종류의 100%강도를 가진다고 가정했을 때 옹이는 그 위치와 크기와 비례하여 이 강도를 감소시킨다. 이 이론적인 강도 감소를 측정하기 위해서 강도 비율을 사용하며 등급이 매겨진 목재의 경우 목재에 가해질 하중을 고려하지 않기 때문에 안전한 값을 채용한다. 실제로는 옹이가 하중이 가해지는 면을 향할수록, 즉 압축력을 받을수록, 목재의 강도에 영향을 적게 미친다.

그레인 슬로프(Grain slope). 나뭇결의 경사면은 1피트 이상의 들보를 따라 발생하는 런아웃(runout)의 거리 비율로 측정한다. 경사면에 따른 목재 강도가 감소값은 반복된 시험을 통해 밝혀졌다. 아래 표는 결함이 없는 목재의 강도를 100%로 가정했을 때 경사면의 정도에 따라 강도가 얼마나 줄어드는지 보여준다. 이 경사면이 심하면 이를 크로스 그레인(cross grain)이라고 부르며 주로 나무혹 주변에서 발견된다. 15인치당 1인치가 넘어가는 그레인 슬로프를 가진 목재는 하중을 받는 들보로써 사용하지 않는 것이 좋다. 특정 지점에 국한되어 나타나는 크로스 그레인은 옹이라고 계산하면 된다.

윤할(Shake). 윤할에 대한 리덕션 값은 윤할 현상이 발생한 목재는 분리된 목재로 가정하여 구한다. 이는 전단력에 대한 저항력을 감소시키고 플로어 조이스트, 중도리 등과 같은 벤딩 로드에 노출된 목재의 경우 심각한 문제가 된다. 이 경우 목재의 강도를 구하려면 목재의 단면적을 목재 내부에서 구해야 한다. 다수의 윤할면을 가진 목재의 경우 사용을 피해야 한다. 윤할은 인장력과 압축력을 막론하고 목재 끝부분에 하중이 작용할 때는 별로 문제가 안 되지만 윤할이 발생한 목재는 사용을 지양하는 것이 제일 좋다.

갈라짐(check). 외부의 충격 및 전단력에 의해 발생한 갈라짐 현상은 건조 과정에서 발생한 갈라짐 현상보다 나무의 강도를 크게 감소시킨다. 심한 경우 갈라짐에 의한 강도 감소는 윤할 현상과 비슷하다. 목재의 표면만 봐서는 이 현상을 확인하기 어려운데 벤딩 로딩을 받는 목재의 경우 내부에 갈라짐 현상이 나타날 수 있다.

훌륭한 목수는 경험을 통해 목재에 나타나는 개별 현상들을 이해하고 변별하여 이를 통해 자신만의 등급 기준을 개발시킨다. 대부분의 경우 목재의 미묘한 특성을

이해하려면 기대에 못 미치는 실패 경험을 겪어야 한다. 즉, 해결법을 찾기 위해서는 먼저 문제를 경험해야 한다. 물론 팀버프레임을 전문적으로 하는 사람들은 위의 과학적 지식을 숙지하고 있어야 한다. 물론 중요한 것은 이미 확립된 이 데이터들에 경험으로 얻은 노하우를 결합하여 보완해 나아가는 것이다. 언제나 세밀한 부분에 주의를 기울여라.

옹이 주위에 위치한 독립적 그레인 런아웃은 목재 중앙면보다 가장자리에서 더욱 큰 영향을 미친다(좌). 목재의 강도 율(strength ratio)를 구하는 공식은 다음과 같다. SR = $1-(k/h)^2$. SR은 강도율을, k는 나무 옹이의 크기를, h는 목재의 넓이를 나타낸다. 즉, 목재의 강도는 나무혹과 목재의 크기 사이의 비율에 따라 달라진다. 해당 공식은 그레인 런아웃 군집 같이 올곧은 나뭇결에 간섭하는 다른 결함에도 적용 가능하다.

목재의 미세한 품질. 목재의 공학적, 물리적 특성에 대한 수치는 결함이 없이 온전한 목재를 대상으로 한 반복적인 실험을 통해 얻은 결과값의 평균치이다. 따라서 각 목재의 품질에 큰 영향을 미치는 나무가 자란 위치, 기후 및 토양에 대한 정보를 담고 있지는 않다. 따라서 이런 미묘한 차이를 구분하려면 충분한 경험이 축적되어야 한다.

한 예로 같은 스트로브잣나무라도 그 특징이 매우 다를 수 있다. 저지대에서 자란

잣나무는 습기에 노출되어 나무결의 밀도가 높고 무겁다. 작업 현장에서는 흔히 이러한 목재를 폰드파인(pond pine)이라고 부른다. 경험이 충분히 쌓이면 눈대중으로도 이를 구별할 수 있지만 이 역시 확실하지 않을 때는 무게를 확인하면 된다. 보통 소나무 목재에 비해 2배나 무겁기 때문이다. 흔히 보기에 예쁜 목재가 산중턱에서 건조하게 자란 목재보다 결함을 보일 확률이 높다. 오크나무는 바위가 많은 산중턱에서 구하는 것이 좋다. 저지대의 건조한 흙에서 자란 오크나무는 구멍이 많고 나뭇결이 약하며 쪼개짐 및 비틀림 현상이 일어날 확률이 높다. 뉴잉글랜드 주에서 배를 만들 때는 바위투성이 언덕의 북쪽 중턱에서 자라는 오크나무를 사용하는데 평지에서 자라는 목재보다 강도가 높기 때문이다.

설계, 손질 및 골조 건립에 이르기까지 프레임 건축의 모든 단계에서 목재의 미묘한 특성에 주의를 기울이고 목재를 읽고 프레임 내에서 가장 적합한 위치를 찾는 능력을 기를 수 있다. 이를 통해 보다 나은 프레임을 제작할 수 있다. 또 시간이 지난 이후 다시 프레임을 관찰하면 시간에 따라 달라지는 프레임과 목재의 품질을 확인할 수 있다. 이러한 과정이 축적되어 보다 높은 품질의 프레임을 보다 효과적이고 안정적으로 설계하는 데 도움이 될 지식을 쌓게 된다.

생목재(green timber) 작업

모든 프레임은 성공적인 건축 직후 완벽하게 꼭 들어맞는 접합부와 깔끔하게 손질된 목재면을 자랑하며 시간이 지나도 그 완성도에 변함이 없는 경우도 많다. 그러나 생목재를 사용한 경우는 얼마나 완벽하게 접합부를 설계하고 목재를 분석했다 하더라도 시간이 지남에 따라 프레임이 변하게 된다. 즉, 시간이 지나고 난 프레임을 최종 결과물로 여겨야 한다. 결국 판매되거나 주거용으로 사용되어 장기적으로 만족감을 주어야 하는 것은 이 최종 프레임이기 때문이다. 목재의 미묘한 특성을 이해함으로써 시간이 지남에 따라 목재가 어떻게 변화하며 이에 기반하여 건축적으로 또 시각적으로 안정적인 접합부를 설계할 수 있을 것이다.

목재를 재사용하거나 이미 죽은 지 오래되어 건조된 나무를 사용하지 않는 이상 목재상에서 구매하는 모든 목재는 생목재이다. 또한 목재가 4*4 크기를 넘어가면 빠르고 효과적인 건조기법 역시 찾기 어렵다. 목재를 인위적으로 급하게 건조하면 부서지기 쉬워지며 작업 난이도가 올라가며 나무가 자연적으로 가지고 있던 저항력을 감소시킨다. 따라서 완벽하게 건조된 목재를 획득하기는 거의 불가능하다고 가정하면 생목재를 다루는 방법을 배우는 것이 왜 중요한지 알 수 있다. 이를 위해서 양생(curing), 시즈닝(seasoning) 그리고 핸들링(handling)을 먼저 알아봐야 한다.

양생(curing)와 시즈닝(seasoning)

목재를 건조할 때 가장 심각하게 고려해야 하는 사항은 양생과 시즈닝이다. 이 둘은 서로 밀접하게 관련되어 있기에 혼동하는 경우가 많지만 필자는 이를 개별적인 건조 과정의 단계라고 생각한다. 양생은 시즈닝의 초기 과정에서 일어난다. 즉 벌채되고 손질되는 과정에서 목재에서 발생하는 반작용적 현상이라고 보면 된다. 나무가 죽고 손질되면 목재섬유가 자연스러운 형태를 잡게 된다. 목재에는 본질적으로 인장력이 존재하기에 손질 과정에서 굽음 및 뒤틀림 현상이 발생하는 것은 자연스럽다. 그러나 나무 내의 세포강과 세포벽의 수분이 증발하기 전에는 수축이 일어나지 않는다.

시즈닝은 세포벽의 수분이 증발하면서 목재가 자연스럽게 안정화되는 보다 장기적인 과정이다. 목재 내의 수분율이 대기내의 수분율과 평형상태에 이를 때(주로 12~16%이다) 목재가 온전히 건조되었다고 본다. 물론 시즈닝의 효과는 이 평형상태 이전부터 발현되며 장기적으로 지속된다.

목재 건조란 세포벽의 수분량을 감소시키는 것이기에 인공적인 수단이 사용된다. 목재는 고열의 방 혹은 가마에서 건조되며 양생과 시즈닝은 정확히 말하자면 이 과정에서 목재의 안정적인 형태를 잡고 수분 균형을 이루는 것이다. 건축가들은 건조 목재에 그렇게 집착하지 않는데 건조 과정이 굉장히 길기 때문이다(연목의 경우 1인치당 1년, 경목의 경우 0.5인치당 1년이 걸린다). 따라서 건축가들은 주로 양생과 시즈닝을 통해 적절히 안정적인 목재를 제작하는 데 초점을 둔다.

자연에서 자라는 나무에는 지속적으로 다양한 종류의 힘이 작용한다. 바람, 중력, 눈의 하중 등은 나뭇결에 엄청난 압축력과 인장력을 가한다. 따라서 이런 환경에서 생존하고 성장하기 위해서 위해서는 나무는 내부 저항력을 키워야 한다. 이런 내부의 반작용적 저항력에 의해 목재의 품질에 직접적인 영향을 미치는 나무의 물리적 특징과 나뭇결이 결정된다. 이를 근육에 비유하자면 항상 수축되어 있는 상태라고 볼 수 있다.

목재가 벌초되어 죽으면 수액이 변해서 수분이 된다. 손질 이후 목재의 나뭇결이 완화되면서 목재가 자라난 환경에 의해 발현된 인장력이 눈에 잘 띄게 된다. 이는 쪼개짐(checking), 비틀림(twisting), 아래쪽너미굽음(crowning), 측면 굽음(sweep) 등의 현상을 통해 관찰할 수 있다. 대부분의 목재에서 발생하는 자연적 힘에 의한 결함 중 90%는 6개월 이내에 발현된다. 첫 8주에서 12주에 가장 빠르게 양생이 진행되는데 이때 가장 눈에 뛰는 변화가 일어난다. 즉, 목재에서 위의 결함들이 발현된다면 이 기간에 이루어질 확률이 높다. 양생 과정이 끝나면 시즈닝과 건조 과정을 거쳐 추가 변화가 일어나지만 이는 초기 양생 과정에 비하면 미미한 수준이다. 따라서 이때 목재를 관찰하면 건조가 끝난 이후 최종 결과물을 짐작할 수 있으며 이에 기반하여 목재가 프레임 어디에 들어설지 결정할 수 있다.

목재에 작용하는 인장력과 압축력

자연에서 나무에 작용하는 힘이 목재의 품질과 특징에 어떠한 영향을 주는지 알아보는 가장 쉬운 방법은 산중턱에서 바람을 받으며 자라난 나무를 살펴보는 것이다. 이런 나무의 경우는 나이테가 불규칙하게 형성되어 바람을 맞는 면(컴프레션 우드, compression wood라고 한다)의 나이테가 바람을 등지는 면(텐션 우드, tension wood라고 한다)에 비해 간격이 넓다. 이 차이가 클수록 목재의 안정성은 떨어진다.

텐션 우드와 컴프레션 우드 모두 반작용 목재(reaction wood)라고 하는데 나무의 성장 과정에서 작용하는 힘에 대한 반작용력의 결과물이기 때문이다.

목재의 섬유질이 약한 컴프레션 우드는 평범한 목재와 비교했을 때 10배가량 더 많이 수축한다. 모든 목재는 자라면서 맞는 바람 때문에 어느 정도의 컴프레션 우드와 텐션 우드를 모두 갖추고 있다. 이는 목재에 굽음 현상이 발생하는 이유이기도 하다. 컴프레션 우드가 심하면 해당 부분이 목재의 다른 부분과 비교하여 더 수축하면서 측면 굽음(sweep), 길이 굽음(bow), 아래쪽너미굽음(crowning) 현상이 발현된다. 아래쪽너미굽음을 활용하여 이 현상이 발생한 목재를 하중과 반대 방향으로 위치하여 오히려 건축물의 안정성을 더해줄 수 있다. 작업 이전에 목재 양생 과정을 거치면 목재의 결함이 더욱 분명히 드러내기에 그에 따라 프레임 내 위치를 정하거나 폐기할지 결정할 수 있다.

양생과 시즈닝 과정은 목제를 손질한 이후 이를 어떻게 관리하고 보관하는지에 따라 더욱 용이해질 수 있다. 다음은 이때 고려해야 할 몇몇 사항이다.

양생과 시즈닝 기법

미국 서부 해안의 통나무들은 주로 바닷물에 담겨지는 것이 관행이었다. 이는 강둑에서 벌채한 나무를 운반하기 위해 바다로 이어지는 강을 이용했기 때문이다. 이런 통나무들은 주로 소금기 있는 물에 몇 달, 길게는 몇 년 동안 담겨 있게 된다. 이는 목재 건조 과정에서 유익한 결과로 이어졌는데 목재에 스며든 소금물이 목재 표면의 수분을 유지시켜 주어 보통 목재에서 표면이 내부보다 빠르게 건조되는 것과 달리 보다 느리고 균일한 건조를 가능하게 해줬기 때문이다. 이 건조 속도의

차이로 인해 쪼개짐 현상이 일어나는 것이다. 또한 건조 과정이 너무 빠르면 목재에 내재되어 있는 결함이 더욱 심하게 발현된다. 반면 느리고 균일하게 건조된 목재는 완전 건조 이후에도 수축을 덜 한다. 그래서 목재를 소금물에 담그는 관행은 아직도 목조선 사업에서 널리 쓰인다.

소금물을 사용하지 않고도 소금을 목재 위에 뿌리는 것만으로도 효과를 발휘할 수 있다. 목재 두께 3cm당 3일의 시간이 소요된다. 이후 소금을 씻어내고 시즈닝을 진행시킨다. 이는 매우 효율적이지만 소금을 너무 오랫동안 방치하면 목재에 무늬가 남기도 한다. 소금기가 없는 물에 넣는 것도 소금물보다 효과적이지는 않지만 비슷한 효과를 보인다. 어떤 방법을 쓰던 중요한 것은 목재의 수분기를 유지시켜 목재의 표면과 내부가 균일하게 건조될 수 있도록 하고 너무 빠른 건조로 인해 발현되는 쪼개짐, 뒤틀림 및 목재의 수축을 방지하는 것이다. 참고로 경목과 솔송나무는 빽빽히 쌓아도 문제가 되지 않지만 소나무는 2cm 간격을 두고 쌓지 않으면 블루 스트레인 (blue strain) 현상이 발생할 수 있다.

목재 관리. 목재를 적절히 관리하는 것은 팀버프레임 건축 과정에서 매우 중요한 부분이다. 이 과정에서 중요한 고려사항을 다시금 돌이켜보자. 첫 번째로 목재는 프레임에 쓰이기 이전에 최소 6주에서 8주간의 양생 과정을 거쳐야 한다. 이를 통해 목재의 안정적인 형태를 잡고 생목재에 가해지는 인장력을 덜어주며 굽음 현상을 파악할 수 있다.

양생 과정 중 파라핀 용액을 사용하여 엔드 그레인을 봉합하면 목재에 발생할 수 있는 결함을 방지할 수 있다. 접합부 작업을 마치면 조립 이전에 약품 코팅을 완료해야 한다. 이는 수축과 쪼개짐 현상을 최소화하여 목재의 품질을 보존할 수 있는 가장 효과적인 방법이다.

두 번째로 소나무는 상하좌우로 20mm 간격을 두고 쌓아 공기 순환을 확보해 주어야 한다. 이를 통해 목재에 블루 스트레인(blue strain) 현상이 생기는 것을 방지해야 한다. 목재를 쌓을 때는 가로 길이가 4피트가 넘지 않는 것이 좋은데 위로 목재를 많이 쌓을수록 하중이 커지기에 목재의 형태를 잡아주고 비틀림을 방지할 수 있기 때문이다. 오크나무는 촘촘히 쌓아도 된다. 표면이 마를 정도로 작업 이전에 1-2일 정도 건조과정을 거치는 것이 중요하다. 아직 축축한 오크나무에는 표기가 어렵기 때문이다. 오크나무는 소나무와는 달리 얼룩이 생기지는 않지만 소나무보다 더 크게 휘거나 뒤틀리기 때문에 목재를 쌓을 때 더욱 조심해야 하며 서로 밀접하여 쌓는 것도 목재의 형태를 유지하기 위해서이다. 양생 과정 초기에는 공기 순환보다는 시간이 더욱 중요한데 목재의 형태가 잡히는 것은 건조로 인한 것이 아닌 양생 시간에 달려 있기 때문이다.

세 번째로 목재에 주기적으로 물을 뿌려주거나 햇볕에 노출되지 않도록 주의하며 비를 맞도록 하는 것이 유익할 수 있다. 물론 이때 환기가 잘 되어야 한다. 네 번째로 파라핀을 원료로 하는 용약을 목재의 끝부분에 바르는 것이 좋다. 목재 수분의 90%는 목재의 끝결(end grain)에서 증발한다. 따라서 이 부분을 용약으로 덮어주면 건조 과정을 안정화시켜 주며 장기적으로 결함이 발현될 가능성을 줄여준다. 또 접합부를 완성하면 조립하기 이전에 역시 용약처리를 해주는 것이 프레임의 안정성을 높이는 데 도움이 된다. 목재는 햇볕과 직접적인 열에 노출되지 않은 채 천천히 건조할수록 좋은데 단시간이라도 햇볕에 노출되면 노출면이 쪼개지고 또 균일하지 않은 건조로 인해 아래쪽너미굽음 및 길이 굽음 현상이 발생할 수 있다. 이는 경목일수록 심하다. 만약 목재를 햇볕에 직접적으로 노출시키려면 주기적으로 목재를 돌려줘 균일한 건조가 일어나게끔 해줘야 한다.

다섯 번째로 소나무 목재의 경우 변재(sapwood)의 송진이 새어 나오는 것을 방지하기 위해 배송 이전에 테레벤유 용약을 바르는 것이 좋다. 테레벤유는 침엽수에서 추출하며 변재로 스며들어 송진을 분해시켜 준다. 송진은 나무의 심재(heartwood)에는 없고 아직 생기가 있는 바깥부분, 특히 목재의 귀퉁이 1인치 이내의 깊이에서 나온다. 목재와 도구에 송진을 묻히고 싶지 않다면 테레벤유를 사용하는 것이 좋다. 이는 샌딩(sanding) 작업을 보다 수월하게 해주기도 한다.

마지막으로 목재를 관리할 때 산성비를 조심해야 한다. 특히 소나무는 비바람이 한 번 지나가면 검게 변색되니 조심하자. 이는 목재 자체에 영향을 주지는 않지만 목재를 손질하고 다듬을 때 시간을 더 소요시킨다. 이를 방지하려면 고무 터펜틴(gum turpentine)과 아마유를 1:1로 섞은 용액을 목재에 발라주면 된다. 물론 비에 대비하여 목재를 주기적으로 점검하고 관리해 주는 것을 잊어서는 안 된다.

품질 관리. 양생, 시즈닝, 그리고 목재 관리 모두 훌륭한 프레임을 만드는 데 있어 매우 중요한 부분이다. 그러나 아무리 목재를 잘 관리해도 결국은 목재의 품질을 유지시키는 것이지 이를 향상시키는 것은 어렵다. 목재소에서 받는 목재의 대부분은 품질을 확인할 수 있는 방법이 없고 등급이 매겨져 있지 않은 경우가 태반이다. 따라서 설계 이전에 목재의 등급, 외견 그리고 결함을 미리 점검해야 한다. 이를 모두 고려하여 프레임 어디에 목재를 배치시킬지 결정하는 것이다. 결함이 너무 심각하다면 목재를 폐기해야 하지만 결국은 주어진 재료를 최대한 활용할 수밖에 없는 것이다.

좋은 품질의 목재를 구하는 가장 확실한 방법은 팀버프레임에 대해 익숙하고 잘 알고 있는 목재상이나 목수들을 찾아가는 것이다. 목재를 주문할 때는 각 목재가 프레임 어디에 배치되는 것인지 확실하게 알려주어야 한다. 만약 목재상이 팀버프레임을 잘 모른다면 이에 대한 기본적인 정보 역시 제공해야 한다. 목재상이 프레임에 대한 이해도가 있어야 프레임에서 가장 중요한 구조물을 위해 품질이 좋은 목재를, 구조적으로 중요하지 않은 씰(sill)이나 시각적으로 잘 드러나지 않는 구조물에는 품질이 비교적 떨어지는 목재를 맞춰 준비할 수 있다. 특정 목재상과 지속적으로 거래하는 관계를 만드는 것이 좋다. 이렇게 하면 자신의 작업 방식과 기준에 맞추어 목재를 준비해 줄 뿐만 아니라 단골 고객으로서의 대우를 받을 수 있다. 또, 너무 싼 목재를 고집하지 말자. 싼 목재가 아니라 좋은 품질의 목재를 구해야 나중 건축 과정에서 일어나는 문제를 상당부분 예방할 수 있다. 생목재, 혹은 방금 막 손질된 목재는 여전히 수분을 함유하고 있다. 목재의 수분은 두 가지 방식으로 보존되는데 자유수는 세포구(cell cavity)에 결합 수는 세포벽에 함유된 수분을 의미한다. 먼저 증발을 하는 것은 자유수로 자유수가 모두 증발한 후에야 결합수가 증발한다. 이를 섬유 포화점(fiber saturation point)라고 한다. 이 포화점에서 목재가 함유하는 수분량은

약 30%로 알려져 있다. 수분량이 이 지점 이하로 내려가면 이에 비례하여 목재는 수축한다. 자유수가 증발하는 데 걸리는 시간을 양생 과정이라고 봐도 된다.

목재는 나무결의 패턴 그리고 나이테에 따라 다양한 속도로 수축한다. 나이테와 수평 방향으로 수축이 가장 많이 이루어지며 나이테의 수직으로는 그에 비해 반정도 수축한다. 나뭇결과 같은 방향으로는 리액션우드(reaction wood)를 제외하면 수축이 거의 이루어지지 않는다. 목재가 그 손질방법에 따라 어떻게 수축이 달라지는지 이해하면 프레임 내에서 목재를 배치하고 수축을 최대한 피해 접합부를 설계할 때 도움이 된다.

건축 팁과 기술(techniques)

목재 설치하기

목재를 설계하고 손질할 때 가장 효율적인 방법은 프레임의 주요 구조물로 쓰일 목재 전부를 크리빙(cribbing)에 쌓아놓고 설계 과정 중 어느 때나 목제의 상태를 검수할 수 있도록 하는 것이다. 소 호스(saw horse)를 사용할 수도 있지만 이는 길이가 한정적이고 한 번에 1~2개의 목재만 설치할 수 있다는 단점이 있다. 또 이보다 긴 받침대는 번거롭고 작업 현장에서 옮기기 어렵다. 목재를 손질하고 자를 때 발생하는 작은 목재들을 이용하여 크리빙을 직접 만들 수 있다.

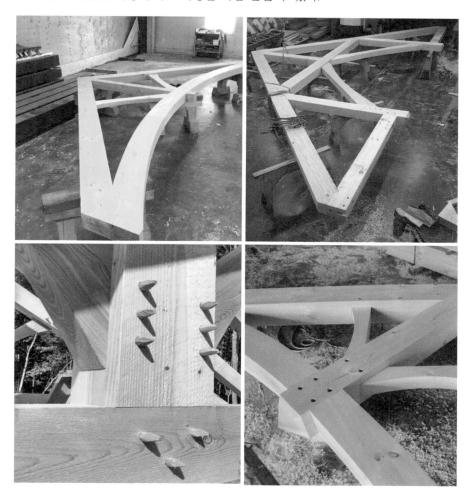

목재는 적절한 높이와 간격을 두고 크리빙(cribbing) 위에 설치해야 한다.
목재의 양면을 모두 살피고 쉽게 뒤집을 수 있어야 하기 때문이다.

목재 검수하기

프레임 설계의 첫 번째 단계는 사용될 목재를 검사하는 것이다. 프레임의 주요 구성원 모두를 크리빙 위에 놓고 자연적인 혹은 손질하면 발생한 결함이 있는지 또 목재가 어떠한 기법으로 가공되었는지 확인한다. 시각적으로 결함이 있거나 CS(Center-cut) 목재면은 건축물 바깥쪽을 바라보도록 위치시킨다. 중앙 벤트는 박공 벤트로써 2배의 하중을 받고 눈에 가장 잘 띄기 때문에 품질이 가장 좋은 목재를 여기에 사용해야 한다. 목재에 옹이가 있거나 그레인 런아웃(grain runout) 현상이 발생했는지도 확인을 하여 조인트 혹은 상당한 하중을 받는 구조물에 쓰이지 않도록 조심해야 한다. 15:1 비율 이하의 그레인 슬로프, 혹은 런아웃을 가진 목재는 그 사용을 상당히 신중하게 고려해 봐야 하며 비율이 10:1 이하인 경우는 쐐을 제외한 수평 구조물에는 사용하면 안 된다. 혹 주위를 따라 발생하는 독립적 런아웃의 경우는 혹으로 취급할 수 있지만 목재 전체 면적과 비교하여 얼마나 그 크기가 큰지 고려해야 한다. 혹과 그레인 런아웃이 목재면의 25% 이상을 차지한다면 들보에서 압축력을 받는 부분에 위치시키는 것이 좋다.

아무리 대패로 다듬어진 목재라고 하더라도 정확하게 가공되었을 것이라고 가정하지 않는 것이 좋다. 설계를 하고 목재를 손질하기 이전에 목재가 완벽한 사각형인지 확인해야 한다. 프레임 내의 모든 구조물은 서로 연결되어 있으므로 예를 들어 기둥을 검수한다 하더라도 플레이트, 지붕들보, 서까래 등 이와 연결되는 목재 역시 크기를 측정하고 상태를 검수해야 한다. 만약 작업 여건상 이런 측정이 불가능하면 비교적 작은 크기의 목재를 기준점 삼아 설계를 진행할 수 있다. 이렇게 대략 장부홈의 크기를 측정하고 다른 목재들의 크기가 최종적으로 결정된다면 그때 이에 맞추어 수정하는 식으로 작업할 수 있다.

스퀘어링과 초기 설계

목재의 접합부의 모든 부분을 스퀘어를 통해 확인하는 것은 매우 중요하다. 이를 통해 가공이 어떻게 되었는지 짐작할 수 있으며 머릿속에 프레임을 구상해 볼 수 있다. 만약 목재의 크기가 예상과 다르다면 설계 방식에 변화를 주어 이를 수용할 수 있으며 목재가 사각형이 아니라면 한쪽 면을 기준으로 대패로 목재를 다듬어야 한다. 목재를 가장 덜 손질해도 되는 면을 기준점으로 삼아야 한다.

목재의 검수 과정은 프레임을 설계할 때 가장 중요한 부분이다. 너무 서두르지 말고 신중하게 작업하자. 초기 라벨링은 목재의 끝 쪽에 특정 색의 크레용으로 표기하고 이후 설계가 바뀌게 되면 다른 색으로 이를 표기한다. 작업현장에서 일하는 모든 사람이 이러한 다른 색상 별 표기방식을 알아야 실수와 혼돈을 최소한으로 줄일 수 있다. 먼저 목재의 크라운(crown) 사이드에 표기하여 이를 기준점으로 삼는다. 이를 기반으로 설계 과정의 의사결정이 이루어진다. 건축물의 외부를 향하는 면에 목재의 처마, 상단, 꼭대기를 표기하며 이 과정에서 머릿속으로 프레임을 계속 구상하고 있어야 한다.

크라운면과 목재 가공 방식을 파악하는 것이 목재의 초기 검수에 있어서 가장 중요하다. 이를 통해 목재가 시간이 지남에 따라 어떠한 현상을 보일지 그리고 목재를 프레임 어디에 어떻게 위치시킬지 파악할 수 있다. 플로어 조이스트나 서까래에서처럼 크라운면은 언제나 위를 바라보게, 즉 작용하는 힘의 방향을 마주 보게 설치해야 한다. 목재의 가공기법 역시 중요한데 이를 통해 목재의 어느 면이 가장 쪼개짐 현상에 취약한지, 측면 굽음 현상이 어떻게 발현할지 등 잠재적인 결함을 추측할 수 있다. 이를 바탕으로 목재의 위치와 방향을 결정하게 된다.

일단 목재 라벨링 작업이 완료되었다면 목재가 프레임 어디에 위치될 것인지 확실하게 목재의 양끝과 중앙에 눈에 띄게 표시를 해놓는 것이 좋다(조인트 작업으로 제거될 부분을 피해 표기해야 한다). 절대 건축물의 내부에 들어설 목재 면에 표기를 해서는 안 된다. 물론 목재에 이렇게 표기를 하면 나중에 대패질과 사포로 다듬어야 한다는 단점이 있기는 하지만 설계 및 목재 손질 과정에서 작업 현장의 모두가 일관된 가이드라인을 따를 수 있다. 라벨링이 되어 있는 목재면은 바깥으로, 라벨링이 되어 있지 않은 목재면은 안을 향한다는 것을 알 수 있다(라벨링을 하지 않은 것 자체도 곧 라벨링의 기능을 하는 것이다).

기준 설정하기

작업과정에서 기준점을 설정하는 것은 불필요한 복잡함을 피하기 위해서 필수적이다. 300개가 넘는 목재가 사용되는 프레임의 경우 이미 고려해야 하는 사항이 많기 때문에 불필요한 사항을 추가할 필요는 없다. 예를 들어서 모든 장부홈을 100mm 깊이로 작업하는 것으로 정하는 등 목재의 크기와 조인트의 특징에 따라 일관된 작업 가이드라인을 제공할 수 있다. 동서남북 중 한 방향을 정해 벤트 내부에 위치할 목재면에 라벨링을 하는 것도 작업 과정에서의 혼란을 최소화시켜 주는 좋은 방법이다. 모든 도브테일 장부촉 혹은 기둥 장부촉을 동일한 크기로 작업하는 등 설계과정에서의 오류를 줄일 수 있게끔 하라. 이에 따라 보다 깔끔하고 정확한 프레임이 만들어질 것이다. 프레임 내부에 목재가 어떠한 방향으로 어디에 위치할지 선명한 시각적 도안을 머릿속에 그려라. 이러한 확실한 결정이 내려지지 않은 상황에서 목재를 손질을 시작해서는 안 된다. 프레임을 머릿속으로 그리고 각 목재가 어디에 어떠한 방향으로 위치할지 떠올리고 이에 대한 확신이 섰을 때 비로소 목재 설계와 손질을 시작하는 것이다. 중요한 것은 최종적인 책임은 목재를 손질하는 사람(cut man)에게 있다는 것이다. 목재를 작업하는 사람에게는 목재가 프레임 내에서 어떠한 역할을 할 것인지 분명한 이해가 전제되어 있어야 한다.

나무못 작업. 나무못을 설치할 때는 나무못이 들어갈 구멍에 비해 너무 크지 않도록 주의해야 한다. 나무못이 목재에 금을 주어 조인트에 손상을 줄 수 있기 때문이다. 먼저 작업하고 남은 목재에 드릴로 구멍을 뚫어서 나무못의 크기와 대조를 해보면 된다. 만약 구멍이 너무 작으면 드릴 비트의 스퍼(spur)를 추가하거나 비트를 바꾸어야 한다. 때때로 비트를 나무못에 비해 16분의 1인치 정도 작게 가져가고 나무못을 손질할 수도 있다. 목재의 쪼개짐을 방지하기 위해서 나무못의 측면을 깎아내어 직사각형 혹은 팔각형 형태를 만든다. 이를 통해 엔드 그래인(end grain)과 마주치는 나무못의 접합면이 약간 크기에 꼭 들어맞으면서 쪼개짐 현상을 일으키는 사이드 그레인(side grain)과 마주하는 나무못의 접합면은 적절한 크기를 가지게 된다. 오크나무에 나무못을 설치하는 경우에는 나무못의 크기가 매우 정확해야 하는데 소나무와 같은 연목과는 달리 오크나무는 나무못이 약간 클 경우 이를 수용하지 못하기 때문이다. 끝이 가늘게 만들어진 나무못을 사용하면 좋지만 손질된 경사면이 너무 가파르지 않도록 주의하라. 또한 나무못이 구멍과 완전히 접합하도록 해야 한다. 즉, 나무못의 끝을 날카롭게 깎아냈으면 이 부분이 구멍 바깥으로 튀어나오게 하여 접합면을 최대화해야 한다.

접합부 디테일(joinery details)

전통적인 팀버프레임은 수세기에 걸친 실험과 시행착오의 결과물로 개발된 장부촉과 장부홈으로 이루어진 접합부에 그 기반을 둔다. 현재 우리가 선망하고 감탄하는 팀버프레임은 세월의 풍파를 견디고 구조적 안정성과 시각적인 미를 모두 달성한 성공사례인 셈이다. 즉 일종의 시험을 통과한 그 실용성과 효율성을 증명한 구조물인 것이다.

1600년부터 1900년까지 미국의 거주지에 사용되었단 다양한 접합기법은 13세기부터 서유럽에서 개발된 기법을 수입한 것이다. 접합기법의 전체적인 구조적 형태와 디자인은 각 지역에서 서식하는 나무의 종류와 사용할 수 있는 목재의 크기에 따라 달라졌다. 예시로 17세기 이전의 유럽은 상당히 큰 목재를 사각형으로 잘라 사용하였다. 그러나 18세기 이르러 울퉁불퉁하고 휘어진 나무를 사용한 비교적 가볍고 작은 목재로 이루어진 프레임이 주로 발견된다. 이는 목재와 나무연료의 과다한 사용과 산림 관리가 제대로 이루어지지 않으며 유럽의 숲이 빠르게 고갈되었기 때문이었다. 그러나 가장 기본적이고 원초적인 접합기법의 원리와 기능은 변하지 않았다. 즉, 접합기법의 구조적 비율은 변했더라도 가장 기본적인 설계 자체는 그대로인 것이다.

물론 현대 팀버프레임은 다양한 형태의 접합기법을 통해 그 특징이 결정되지만 결국 가장 기본적인 구조적 문법을 이루는 접합기법은 소수이다. 또 이러한 전통적인 기본적인 접합기법들조차도 공통점을 서로 공유한다.

접합기법은 원칙적인 과학이라기보다는 상황에 따라 유연히 변화하고 주어진 구조 아래에서 창의성을 자유롭게 뽐낼 수 있게 해주는 악보와도 같다. 접합기법은 비율, 크기, 균형의 과학이다. 도부터 시까지 유한한 음만 가지고도 무한한 경우의 선율을 내는 음악처럼 접합기법에도 무한한 경우의 설계 방법이 존재한다. 결국 음악이든 건축이든 그 성공 여부는 조화로운 균형이 달려 있다.

팀버프레임의 접합기법에서 나타나는 역사적 공통점은 보편적인 설계 방식과 실제 작업 기법에 기반을 두고 있으며 다양한 구체적인 접합양식은 사용할 수 있었던 도구, 골조 건축 순서, 인력과 사용할 수 있는 공학적 에너지, 전체적인 프레임 디자인에 따라 결정되었다. 가장 효율적이고 실용적인 문제 해결방법을 찾고자 하는 인간의 본성에 따라 설계 방식이 발전되었다. 결국 팀버프레임은 사람이 하는 것이다. 결국 팀버프레임은 즉흥적인 미술과도 같다. 기본적인 원리와 패턴만 숙지하고 있다면 비교적 소수의 코드(접합기법)만으로도 무한대에 가까운 형태의 프레임을 만들 수 있다. 팀버프레임에 내제되어 있는 조화로운 리듬이 오로지 접합기법과 목재의 결과물임을 안다면 놀랄 수밖에 없다. 이렇게 만들어진 구조물은 그 모든 건축 과정에서 서로 조화롭게 공명하며 특별한 선율과 톤을 자아낸다.

팀버프레임은 역동적인 건축이다. 팀버프레임은 인간이 자연과 조화롭게 관계하며 새로운 훌륭하고 만족스러운 환경을 만들어 내는 가장 훌륭한 예시다. 만약 시간이 곧 지속성의 잣대라면 오래된 역사를 지닌 팀버프레임보다 더욱 훌륭한 예시가 있을까?

　이 책의 가장 주요한 목적은 팀버프레임을 짓기 위해 시간과 에너지를 투자할 의지가 있는 사람들에게 필요한 정보와 통찰, 이해를 제공해 주어 자신감을 갖게 해주는 것이다. 물론 프레임 디자인과 접합부 설계에 다양한 기법이 존재하지만 모든 변형기법에는 기본적인 공통점이 있다고 강조해 왔다.

팀버프레임은 유연한 구조적 시스템이다. 가장 기본적인 구성원만 갖추어져 있다면 프레임을 건축할 때 창의성을 막는 것은 없다. 만약 팀버프레임에 열정이 있지만 책에 나온 지식을 완벽히 습득할 자신이 없다면 워크숍을 들어라. 자신감이 생길 뿐 아니라 더욱 창의적인 프레임을 만들 수 있을 것이다. 다시금 말하지만 필자가 이 책을 쓴 이유는 자신만의 팀버프레임을 짓는 데 자신감을 가질 수 있도록 하는 것이다. 단순히 하나의 집을 짓는 것이 아니다. 팀버프레임은 하나의 공동체를 육성하는 것에 가깝다.

접합부 디테일(joinery details)　　183

공학

구조 공학은 구조적 형태에 작용하는 힘 혹은 작용할 것이라 가정되는 힘을 분석하는 과학이다. 목표는 각 구조물을 독립적으로 구분하여 구조적으로 가장 약한 지점을 파악하는 것이다. 프레임내의 각 구성요소는 서로 구조적으로 연결되어 있다. 첫번째 단계는 주어진 값들, 즉 그동안의 건축 경험을 통해 프레임에게 작용할 것으로 예상되는 하중 그리고 그 하중에 목재가 어떻게 반응할지에 대한 예측에서 시작된다. 루프 로드, 플로어 로드, 바람과 지진이 작용하는 힘을 모두 고려해야 하는데 이런 값들은 건축 상황에 맞추어 구할 수 있게 해주는 공식이 이미 존재한다. 국제 건축법(International Building Code) 핸드북을 보면 프레임의 안전성을 위한 최소한의 설계 요구사항과 다양한 건축 조건에서의 구체적인 기준들을 알 수 있다. 이번 장에서 다루는 설계 공식을 사용할 때는 IBC에서 발표한 가장 최근값을 사용해야 한다.

구조 공학의 계산 과정은 프레임의 각 구성원에 작용하는 힘의 크기를 합리적으로 예측하여 이에 따른 응력을 분석하는 것으로 시작한다. 응력의 종류와 크기를 파악할 때는 특정 목재에 하중의 크기와 하중이 가해지는 방향을 알아야 한다. 구조물에 작용하는 주요 응력의 종류는 다음과 같다.

인장력과 압축력: 목재에 지속적으로 작용하는 응력이다.

전단 응력: 나뭇결과 평행 혹은 수직으로 발생하며 이중 전단력을 가지기도 한다.

벤딩 응력(bending stress): 서까래, 조이스트, 지붕들보에 주로 작용하는 응력이다.

이 책의 목적은 팀버프레임의 설계에 필요한 모든 공학적 원리들을 설명하는 것이 아니다. 특정 하중을 받는 목재와 목재 프레임을 구조적으로 분석하는 것은 상당수의 요소를 고려해야 하는 복잡한 과정이다. 실수가 하나만 발생해도 심각한 계산 오류로 이어질 수 있다. 팀버프레임의 공학 원칙을 가볍게 생각하면 안 된다. 비록 단순보에 작용하는 힘은 쉽게 분석할 수 있지만 트러스나 프레임에서 하중이 어떻게 분산되는지 알려면 운동값과 힘에 대한 상당히 복잡한 수학적 이해가 선행되어야 한다. 따라서 이를 진지하게 받아들이되 공식에 얽매여 창의성을 희생하지는 말아야 한다.

이제부터 다룰 들보 설계 공식, 다양한 나무 종류의 특성, 들보에 가해지는 하중 분석, 추가 문헌 목록 등은 팀버프레임에 진정한 열정을 가지고 있는 독자들을 위한 것이다.

들보의 저항력

파괴계수(Modulus of Rupture). 다음 공식을 사용하여 목재 저항력의 임계점을 구할 수 있다. 안정적인 들보를 위해서는 파괴계수의 값이 표에 나와있는 값보다 6-8배는 작아야 한다. 양쪽 끝에서 지지를 받고 하중이 중앙에 작용하는 직사각형 단면을 가진 단순들보의 경우 파괴계수를 구하는 공식은 다음과 같다.

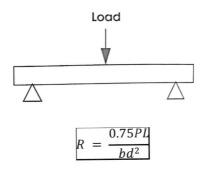

$$R = \frac{0.75PL}{bd^2}$$

R은 파괴계수, P는 최대 하중, L은 지지구조물 사이의 거리, b는 들보의 넓이, d는 들보의 두께를 나타낸다.

다른 하중 조건에서는 공식에 변화가 생긴다. 비교적 작은 크기의 단순들보에는 하중이 균일하게 작용하므로

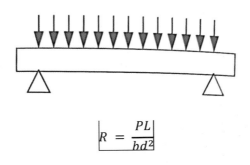

$$R = \frac{PL}{bd^2}$$

반면 3분의 1 지점에 하중이 집중되는 경우의 공식은 다음과 같다.

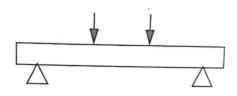

$$R = \frac{PL}{bd^2}$$

길이가 긴 들보의 경우는 들보 자체의 하중도 고려해야 하기 때문에 다음과 같은 공식을 사용한다(W는 들보의 무게를 나타내는데 목재의 무게는 프레임 전체 무게의 약 5%정도로 측정한다).

$$R = \frac{(0.75W + P)PL}{bd^2}$$

반면 하중이 균일하게 작용하는 들보의 경우 공식은

$$R = \frac{1.5PL * 2}{bd^2}$$

양끝이 고정되어 중앙에 하중을 받는 들보의 경우 공식은 다음과 같다.

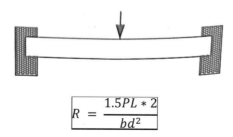

$$R = \frac{1.5PL * 2}{bd^2}$$

반면 양끝이 고정되었지만 하중을 균일하게 받는 들보의 공식은 다음과 같다.

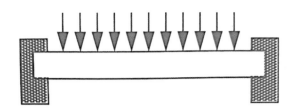

$$R = \frac{1.5PL * 3}{bd^2}$$

한쪽만 고정된 외팔들보의 경우 고정되지 않은 끝에 작용하는 힘에 대한 파괴계
수 공식은 다음과 같다.

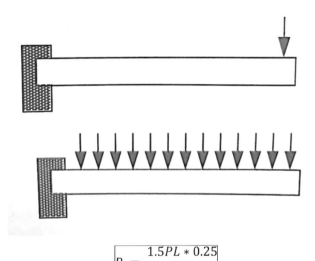

$$R = \frac{1.5PL * 0.25}{bd^2}$$

하중을 균일하게 받는 외팔들보의 경우 공식은 조금 바뀐다.

$$R = \frac{1.5PL * 0.5}{bd^2}$$

접합부 디테일(joinery details)

나무못 연결부 저항력 구하기

나무못을 사용한 접합부에 대한 시험은 최근 팀버프레이밍 공학 위원회(Timber Framing Engineering Council, TEFC)에서 진행해 왔다. 덕분에 하중이 나무못을 사용한 접합부에 미치는 영향을 처음으로 정량화할 수 있게 되었다. 다음은 이 연구 내용에서 발췌한 초록이다.

인장력을 받는 나무못 접합부는 몇 가지 이유로 인해 실패할 수 있다. 장부홈 쪼개짐 현상은 나무못을 적절한 간격과 위치에 설치하여 방지할 수 있으며 장부촉이 받는 전단력에 의한 실패는 적절한 길이의 장부촉을 사용하여 그 확률을 줄일수 있다. 따라서 가장 신경써야 하는 것은 나무못 자체의 문제이다. NDS(National Design Specifications for Wood Construction)나 TFEC(Timber Framing Engineering Council) 같은 설계 표준은 나무못의 구조적 실패 종류를 네 가지로 분류했는데 공학적 관점에서 보면 접합부 실패는 단순히 접합부의 분리가 아니다. 접합부가 영구적으로 손상을 입었거나 나무못 직경의 5%만이라도 헐거워졌다면 이를 실패로 분류한다. 1인치 나무못을 사용한다면 이는 16분의 1인치에 해당한다. 별로 크지 않은 값처럼 보일지라도 이를 넘어가게 되면 접합부에 심각한 손상을 줄 수 있다. 만약 힘이 반복적으로 가해져 누적된다면(바람에 의한 윈드로드가 이에 해당한다) 접합부가 완전히 분리될 수도 있다.

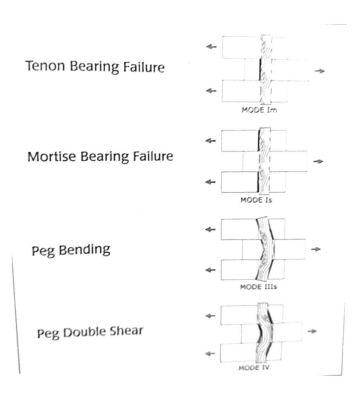

TFEC가 2009년 01호에서 발표한 나무못이 실패하는 네 가지 경우.

망치를 들고 기둥의 측면을 있는 힘껏 내리쳐 보아라. 목재 표면에 영구적인 손상이 가해질 것이다. 이를 베어링 스트레스(bearing stress)라고 하는데 나무섬유가 압축력을 견디지 못하기 때문에 발생하는 현상이다. 반면 기둥의 끝부분에 망치를 내리쳤다면 손상이 심하지 않을 것이다. 이는 나뭇결이 수직으로 작용하는 힘보다 나뭇결 방향으로 작용하는 힘에 저항력이 강하기 때문이다. 따라서 목재결과 수직으로 작용하는 압축응력(S_L)과 평행하여 작용하는 압축응력(S_p)를 구분할 필요가 있다. 팀버프레임에서 흔히 쓰이는 목재의 S_L과 S_p값은 테이블 8을 참고해라.

장부촉. 인장력을 받는 나무못이 박힌 장부촉에는 S_L과 S_p이 흥미롭게 교차한다. 장부촉의 나무결과 수직으로 박힌 오크나무 나무못을 상상해 보자. 나무못은 장부촉에 의해 나무결과 수직의 압축력을 받는 반면 소나무로 만든 장부촉은 나뭇결과 평행의 압축력을 나무못에 의해 받게 된다. 테이블 8을 보면 소나무의 S_p값이 오크나무의 S_L값 보다 5배가량 큰 것을 알 수 있다. 즉, 장부촉보다 나무못에 먼저 손상이 간다는 것을 의미한다.

최종 베어링 스트레스는 S_L = Z/A로 구할 수 있다. 여기서 Z는 단위 면적 A에 작용하는 힘의 크기이다. 위의 예시에서 A 값은 장부촉에 압축력을 가하는 나무못의 총면적을 의미한다. 이를 간단하게 구하기 위해 나무못의 직경(D)에 장부촉의 넓이(L1)을 곱해보자.

1인치 오크나무 나무못과 2인치 넓이의 소나무 장부촉을 가정하면

S_L = 500psi(오크나무)

A = D * L1 = 1" * 2" = 2제곱인치

Z = S_L * L1 = 500 * 2 = 1,000lbs

즉 나무못 하나에 작용할 수 있는 최대 힘이 1,000파운드임을 알 수 있다.

장부홈. 나무못 접합부는 나무못이 박혀 있는 장부홈에 문제가 생겨서 실패할 수도 있다. 장부홈과 나무못 모두 나뭇결과 수직으로 작용하는 압축력에 노출되어 있기에 둘 모두 신경을 써야 한다. 위의 예시에서는 나무못보다 장부홈의 목재가 보다 부드럽기에 장부홈이 곧 취약한 구조물이 된다. 만약 프레임을 소나무가 아닌 경목으로 짓는다면 나무못에 보다 신경을 써야할 것이다.

7*7 소나무 들보에 1인치짜리 오크나무 나무못을 쓴다고 가정하자. 들보에는 하우스 기법을 사용한 장부홈이 설치되어 있다.

S_L = 250 psi(소나무)

A = D * L2 * 2 = (1" * 2.5") * 2 = 5인치 제곱

(2개의 장부홈이 압축력을 받는 면적을 의미한다)

Z = S_L * A = 250 * 5 = 1,250lbs

즉 나무못 하나에 작용할 수 있는 최대 힘이 1,250파운드임을 알 수 있다.

나무못 벤딩 현상. 나무못 벤딩은 매우 복잡한 현상으로써 나무못이 휘기 시작하면서 장부촉과 장부홈 역시 손상을 입을 수 있다. 따라서 장부촉, 장부홈, 그리고 나무못 모두 벤딩에 대한 나무못의 저항력에 영향을 미친다. 우선 앞서 살펴본 들보 벤딩 현상에 대한 공식을 사용해 보자. **R = 0.75ZL/bd²**임을 기억해야 한다. R은 극한 벤딩 값, 혹은 파괴계수로 테이블 1에 오크나무의 R값이 나와 있다. 즉, 이 공식을 사용함으로써 우리는 나무못이 장부촉으로부터 균일한 하중을 받는 일종의

작은 들보라고 가정하는 것이다. 물론 나무못은 들보와 달리 직사각형이 아니므로 (bd²)는 나무못의 부피는 밑변의 넓이(D²/4)에 나무못의 높이(D)를 곱해서 구한다. D는 나무못의 직경을 나타낸다.

1인치 오크나무 나무못과 2인치 넓이의 장부측을 가정했을 때

R = 2,050psi(오크나무)

L = 2"(장부측의 넓이)

$bd^2 \sim \pi D^3/4 = \pi * 1^3/4 = 0.785$인치 세제곱

$Z = R(bd^2)/(0.75L) = 2050 * 0.785/(0.75*2) = 1,073lbs$

즉 나무못 하나가 최대로 견딜수 있는 벤딩 극한값은 1,073파운드임을 알 수 있다. 물론 장부홈의 길이와 저항력도 나무못의 벤딩 로드를 결정하는 데 중요한 역할을 한다. 이에 대한 보다 자세한 계산 과정은 부록을 참고하라.

약간의 창의성을 발휘하여 위의 사진처럼 곡선형태에 보를 만들어 보는 것은 어떨까?

이중 수직 전단력에 따른 나무못 실패. 나무못의 모양이 장부촉 안에 박힌 채로 망가지고 있다면 이중 수직 전단력에 의한 손상을 입고 있는 것이다. 수직 전단력(H_L)은 나무결과 수직으로 작용하는 반면 수평 전단력(H_P)는 나무결과 평행하여 작용한다. 수직 전단력 안전범위를 구하는 공식은 직접적으로 제공되지 않지만 테이블 1의 수평 전단력 값의 2-5배가량으로 생각하면 된다. 앞서 사용한 500psi값 역시 테이블 1의 수평 전단력 값에 2.7을 곱한 값이다. 수직 전단응력은 단위면적당 가해지는 힘으로 $H_L = Z/A$로 표현한다. 이중 전단력을 받는 나무못의 경우 전단면은 2개의 나무못을 모두 고려해야 한다.

1인치 오크나무 나무못을 소나무 프레임에 설치한다고 가정했을 때

$H_L = 2.7 * H_P = 2.7 * 185 \text{ psi} = 500\text{psi}$

$A = 2 * \pi D^2/4 = 2 * \pi(1^2)/4 = 1.57\text{인치제곱}$

$Z = H_L * A = 500 * 1.57 = 785\text{lbs}$

즉 나무못 하나에 작용하는 전단력 안전범위는 785파운드이다.

이 계산을 바탕으로 나무못의 구조적 실패 네 가지 종류에서 각각의 안전범위를 구했다(1,000lbs; 1,250lbs; 1,073lbs; 785lbs). 즉, 이중 수직 전단력을 받는 경우가 가장 취약한 것을 확인할 수 있으며 따라서 나무못에 작용하는 전단력은 785파운드를 넘어서는 안 된다는 것 또한 도출해 낼 수 있다. 나무못 2개를 사용한다면 최대 하중은 1,570파운드가 되는 것이다. 만약 하중이 이를 초과할 것으로 예상되면 나무못의 개수를 늘리거나(물론 이는 나무못 사이의 적절한 간격을 유지했을 때 들보의 두께가 충분해야만 가능하다) 나무못의 직경을 1.25인치로 늘릴 수도 있다. 혹은 웻지 하프 도브테일 장부홈 혹은 장부촉을 사용할 수도 있다.

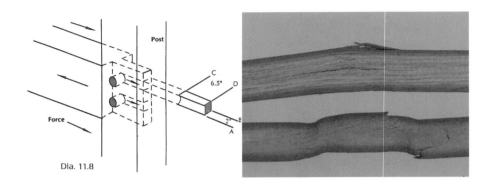

왼쪽의 다이어그램은 이중 전단력을 받는 장부촉을 보여준다. 오른쪽은 나무못이 실패하는 두 가지 경우를 보여준다. 위는 나무못의 벤딩 현상이며 아래는 이중 전단력에 의한 벤딩현상이다. 2010년 Journal of Structural Engineering에서 가져온 사진이다. 이 저널은 '목재 장부촉 연결면에 대한 새로운 모델'이라는 제목을 가진 매우 흥미로운 아티클을 발표했는데 나무못을 사용한 조인트에 대한 실험 결과를 볼 수 있다.

필자는 팀버프레임에서 나무못에 의존하여 하중을 지탱하는 것을 선호하지 않는다. 이는 석조건물을 지을 때 벽돌이 아닌 회반죽에 의지하여 건축물을 짓는다는 것과 마찬가지다. 석공들은 돌을 이용하여 건축물의 구조 기반을 만들지 회반죽에 의존하지 않는다. 회반죽은 단순히 돌들 사이로 물이나 공기가 통하지 않도록 이를 연결해 주는 자재에 지나지 않는다. 솜씨 좋은 석공은 회반죽을 가능한 적게 사용하면서 돌들의 하중으로 인한 압축력으로 건축물에 안정성을 더한다. 팀버프레임도 마찬가지이다. 목재의 하중으로 인한 압축력이 곧 프레임의 안정성으로 이어져야 한다. 나무못은 단순히 목재를 이어주는 기능만 수행하는 것이다. 결국 프레임의 저항력은 목재의 구조적 배열에서 나와야 한다.

물론 텐션 접합부를 사용해야 할 때가 있다. 이 경우에 프레임 내의 압축력을 최대한 활용하여 접합부와 나무못에 가해지는 인장력을 최대한 줄여주어야 한다. 하프 도브테일 장부촉 등을 사용하여 들보 그 자체가 인장력에 저항하도록 해라. 웻지 하프 도브테일 접합부는 나무못 3개에 버금가는 인장력에 대한 저항력을 가진 것을 잊지 말아라. 접합부를 설계할 때 해야 하는 첫 번째 일은 조인트에 작용하는 힘과 응력을 파악하여 이에 맞추어 접합기법을 결정하는 것이다. 앞서 다룬 공식들을 이용하여 조인트가 견딜 수 있는 하중을 구하고 이에 맞추어 추가 구조물을 더하거나 나무못의 개수나 크기를 늘려 하중을 견딜 수 있게 하라.

하단 노치. 다음 공식을 사용하여 장부촉의 저항력을 구할 수 있다. 장부촉의 전단 저항력을 구하는 것은 매우 중요한데 구조적으로 취약한 부분이기 때문이다. 장부촉의 전단 저항력은 목재의 높이 h와 장부촉의 두께 d의 비율에 의해 결정된다. 전체 두께의 반에 해당하는 노치를 받은 목재는 장부촉을 설치하지 않았을 때와 비교하여 저항력이 4분의 1밖에 되지 않는다. 하지만 만약 경사면을 주어 노치를 설계한다면 전단 저항력은 장부촉의 두께를 기반으로 계산한 값에 수렴하기 때문에 d/h 비율을 공식에 적용하지 않는다.

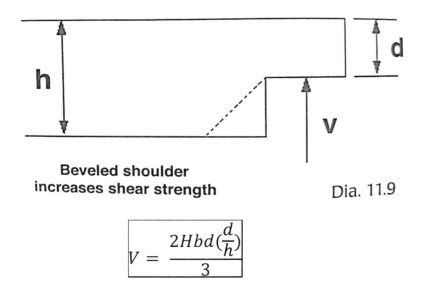

**Beveled shoulder
increases shear strength**

Dia. 11.9

$$V = \frac{2Hbd(\frac{d}{h})}{3}$$

다음과 같은 공식을 사용할 수도 있다.

$$V = \frac{2/3[b(d)^2 H]}{3}$$

V는 수직 전단력을, b = 들보의 넓이를, d는 장부촉의 두께를, h는 들보의 두께를, H는 나뭇결을 따라서 작용하는 안전범위 내 수평 전단력을 나타낸다.

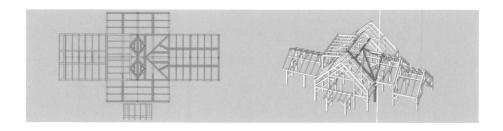

상단 노치. 상단부분에 노치를 받은 들보의 경우는 보다 적은 전단력을 받는다. 다음 공식을 사용하여 전단응력을 구할 수 있다.

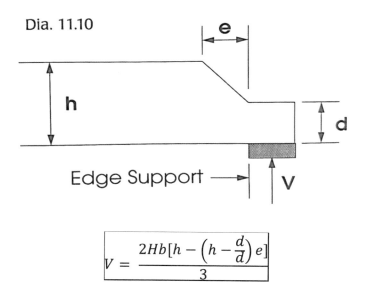

Dia. 11.10

$$V = \frac{2Hb[h - \left(h - \frac{d}{d}\right)e]}{3}$$

V는 수직 전단력을, H는 나뭇결을 따라 작용하는 안전범위 내 수평 전단력을, b는 들보의 넓이, d는 장부촉의 두께, e는 지지를 받는 부분을 기준으로 안쪽에 위치한 노치의 수평길이를 나타낸다.

들보 상단의 노치의 두께는 들보 전체 두께의 40%를 넘어가면 안 된다. 즉 e값이 h값을 넘어가게 되면 이 공식이 적용되지 않는다. 이 경우 전단 저항력은 노치 아래쪽 목재의 두께 d로 계산한다. 만약 노치에 경사를 주는 베벨(bevel) 기법을 사용한다면 기둥의 두께를 d값으로 취급하고 e값은 들보를 지지하는 구조물의 경계에서 베벨이 시작되는 지점 사이의 거리로 계산하면 된다.

들보, 조이스트, 거더(girder)

들보가 요구하는 구조사항을 결정하는 과정은 세 가지 요소를 기반으로 이루어지는데 이는 벤딩 응력 극한값, 수평 진단응력 그리고 디플렉션(deflection)이다. 이세 가지 요건에서 모두 안정적인 결과를 보일 때 들보가 안전하다고 볼 수 있다.

벤딩 설계

벤딩에 대한 저항력을 구하는 것은 들보를 설계할 때 가장 처음 하는 계산이다. 굽힘공식(flexural formula)라고 흔히 알려진 공식을 사용하면 하중에 대한 섹션 계수(Section Modulus) S를 구할 수 있다. 벤딩 모먼트 값(Bending Moment) M은 하중의 종류와 크기에 따라 달라진다. M값을 구하는 공식 역시 아래에 정리해 놓았다.

$$S = \frac{M}{F_b}$$

M은 벤딩 모먼트, F_b는 안전범위 내 벤딩 응력 극한값, S는 요구되는 섹션 계수를 나타낸다.

들보의 섹션 계수를 확인하기 위해서는 $bd^2/6$을 사용하면 되는데 6*6 들보의 경우 이 값은 36이 된다.

$$S = \frac{(6 * 6 * 6)}{6} = 36$$

벤딩 모먼트. 벤딩 모먼트는 가해지는 힘에 거리를 곱하여 계산한다. 단순보에 균일하게 하중이 작용하는 경우 벤딩 모먼트 M을 구하는 공식은 다음과 같다.

$$M = \frac{WL}{8}$$

W는 분산된 하중의 총합, L은 들보의 길이를 나타낸다.

위의 굽힙 공식은 M값에 피트가 아닌 인치를 사용하기 때문에 이렇게 구한 M값에 12를 곱하여 단위를 변환해 준다.

중앙에 하중이 집중된 경우 벤딩 모먼트 값을 구하는 공식은 다음과 같다(P는 집중된 하중의 총합을 나타낸다).

$$M = \frac{PL}{4}$$

3분의 1 지점에 하중이 집중된 경우, 외팔들보의 끝에 하중이 집중된 경우, 외팔들보에 하중이 균일하게 집중된 경우 벤딩 모먼트를 구하는 공식은 각각 다음과 같다.

$$M = \frac{PL}{3}$$

$$M = PL$$

$$M = \frac{WL}{2}$$

벤딩 전단력

수평 전단력은 들보가 실패하는 가장 큰 이유이다. 아래 공식을 사용하여 인치제곱 단위 면적당 가해지는 수평 전단응력의 크기를 구할 수 있다. 이 결과값은 해당 목재의 종류에 따른 안전범위를 넘어가면 안 된다.
수직 전단력을 구하는 공식은 다음과 같다.

$$H = \frac{3V}{2bd}$$

H는 제곱인치당 가해지는 수평 전단응력을, V는 수직 전단력, b는 들보의 넓이, d는 들보의 두께를 나타낸다. 단순보의 경우 V = P/2로 P는 총 하중을 나타낸다.

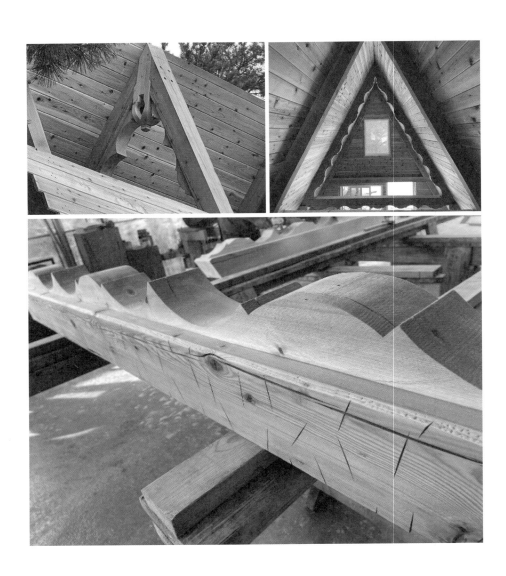

디플렉션(deflection)

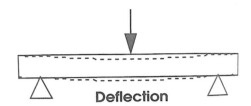

Deflection

목재의 강성 정도는 탄성 계수(Modulus of Elasticity)를 사용하여 구한다. 들보의 디플렉션을 구하기 위한 공식을 아래 정리해 놓았다. 들보의 디플렉션을 분석하는 것은 들보의 크기를 구할 때 거치는 마지막 단계이다. 이를 구하는 다양한 접근법이 있지만 그중 가장 흔히 쓰이는 공식 몇 가지를 정리해 보았다.

주어진 하중에 의해 특정 목재가 얼마나 휠지 구하기 위해서 다음과 같은 공식을 사용한다. 양끝에서 지지를 받고 중앙에 하중을 받는 단순보의 경우 디플렉션 값은

$$I = \frac{bd^3}{1}$$

D는 하중에 따른 디플렉션 값을, P는 총 하중을, E는 인치제곱당 파운드로 측정되는 탄성 계수를, L은 들보의 길이를, I는 관성 모멘트를 나타낸다. 관성 모멘트를 구하는 공식은 다음과 같다.

$$I = \frac{bd^3}{1}$$

단순보에 균일하게 하중이 작용하는 경우, 단순보의 3분의 1 지점에 하중이 작용하는 경우, 외팔들보의 끝에 하중이 작용하는 경우, 외팔들보에 균일하게 하중이 작용하는 경우 디플렉션 값을 구하는 공식은 각각 다음과 같다.

$$D = \frac{PL^3}{3EI}$$

$$D = \frac{PL^3}{3EI}$$

$$D = \frac{PL^3}{3EI}$$

$$E = \frac{PL^3}{48yI}$$

다른 접근법은 주어진 하중에 대한 목재의 탄성 계수를 계산하는 것이다. 이는 건축 이전에 이미 어떤 목재를 사용할지 결정했을 때 유용할 수 있다. 결과값 E는 해당 목재의 탄성 계수 임계치를 넘어가면 안 된다.

양끝에서 지지를 받고 중앙에 하중을 받는 단순보의 경우 탄성 계수를 구하는 공식은 다음과 같다.

$$E = \frac{PL^3}{48yI}$$

E는 탄성 계수를, L은 들보의 길이를, y는 스팬 중앙지점의 최대 디플렉션 값을, P는 하중 총합을, I는 관성 모먼트를 나타낸다.

직사각형 전단면을 가진 들보의 경우 공식은 다음과 같다(b와 d는 각각 들보의 넓이와 두께를 나타낸다).

$$E = \frac{PL^3}{4ybd^3}$$

이 공식에 기반하여 디플렉션 값을 보다 더 잘 이해할 수 있다. 우선 다른 조건이 동일할 때 디플렉션 값은 들보 길이의 세제곱에 비례한다는 것을 알 수 있다. 즉, 스팬이 3배 늘어난다면 디플렉션 값은 27배 늘어날 것을 예상할 수 있다. 또 다른 조건이 동일할 때 디플렉션 값은 들보의 넓이와 반비례한다는 것을 알 수 있다. 넓이가 3배 늘어나면 디플렉션은 3배로 약해진다. 마지막으로 디플렉션 값은 들보의 두께 세제곱에 반비례한다는 것을 알 수 있다. 즉, 들보가 3배 두꺼워지면 디플렉션은 27

배 약화된다. 목재를 배치할 때 좁은 면을 위로 가게하여 두께를 늘리는 이유가 이에 있다.

들보를 1인치 휘게 하는 하중을 구하고 싶으면 앞서 나온 공식의 y값에 1을 대입한 이후 이를 P에 대한 공식으로 변형하면 된다.

$$P = \frac{4Ebd^3}{L^3}$$

위의 공식의 경우 E값은 부록에 표기해놓은 테이블 7에 나온 값을 대입하면 된다. 여기서 탄성 계수란 단위 면적당 응력의 크기와 단위 길이당 디플렉션 사이의 비율을 의미한다.

앞선 공식에서 중앙에 집중되었을 때 들보를 1인치 휘게 하는 하중의 크기를 알아보았다. 만약 들보의 안전범위 내 디플렉션 값이 4분의 1인치라면 안전범위 내 최대 하중은 위의 공식 결과값의 25%일 것이다. 만약 디플렉션 최대값이 2분의 1인치라면 최대 하중은 결과값 P의 50%로 고려하는 식이다.

대부분의 건축법은 회반죽 천장을 사용할 시(주로 1층 구조에 해당한다) 디플렉션 허용범위를 들보 길이의 360분의 1로, 해당사항이 없다면(주로 2층 구조에 해당한다) 240분의 1로 설정한다. 즉, 1층 구조물에 사용될 12피트 길이의 목재의 경우 디플력센 허용범위는 다음과 같다.

$$144"/360 = 0.4인치$$

이 공식은 결함이 없고 건조된 목재에 적용하는 공식이다. 만약 목재에 결함이 있거나 생목재를 사용할 경우 이를 고려하여 허용범위를 보다 좁게 설정해야 한다.

(출처 timber framer`s workshop)

용어 정리

벽개 저항(cleavage resistance). 목재를 쪼개려는 응력에 저항하는 목재의 강도로 웻지와 같은 기능을 한다고 볼 수 있다.

나뭇결과 평행으로 작용하는 최대 압축력. 목재를 짓누르는 힘. 상대적으로 두께에 비해 길이가 긴 (1.11의 비율을 넘어가는) 기둥의 경우 최대 압축력에 달하기 이전에 벤딩 현상이 발생할 수 있는데 이 임계점을 오일러 로드(Euler Load)라고 한다. 브레이스를 사용하면 이에 대한 저항력을 크게 높일 수 있다.

나뭇결과 수직으로 작용하는 최대 압축력. 건축 자재가 영구적인 손상을 입지 않고 수용할 수 있는 최대 응력이다. 들보, 조이스트 등의 저항면을 구하는 데 사용된다.

나뭇결 응력 한계점. 들보가 영구적인 손상을 입지 않고 짧은 시간 지탱할 수 있는 최대 하중. 별로 사용되지 않는 값으로 최대 분쇄 강도(maximum crushing strength)가 더욱 선호되는 경향이 있다.

수평 전단력. 들보의 가로축을 향해 작용하는 힘으로 목재의 서로 다른 부분이 미끄러지게끔 한다. 목재의 중심축에서 가장 큰 전단력이 발생하며 크기가 큰 목재의 경우 윤할과 쪼개짐 현상에 의해 중앙축 위아래로 수평 전단에 의한 건축 실패가 일어나기도 한다.

탄성 계수. 목재의 강도를 측정하는 지수. 벤딩과 디포메이션(deformation)에 대한 목재의 저항력을 의미한다.

파괴 계수. 하중을 지탱할 수 있는 목재의 최대 저항력을 의미하며 특정 목재 종류의 최대 모먼트 값에 비례한다. 공식의 특성상 응력에 다한 값은 아니지만 목재의 강도를 측정하는 가장 보편적인 계수이다.

관성 모먼트. 중앙축을 따라 작용하는 회전력에 저항하는 힘을 측정한다. 하중을 받는 직사각형 목재의 경우 이를 구하는 공식은 $I = bd3/12$이다. I는 관성 모먼트 값, b는 넓이, d는 두께를 나타낸다.

단면 계수. 관성 모먼트 값을 중앙축과 중앙축에서 가장 멀리 떨어진 부분 사이의 거리로 나누어 구한 값. 직사각형 구조물에 대한 단면 계수를 구하는 공식은 $S = bd3/6$이다.

나뭇결과 평행으로 작용하는 전단력. 단위 면적(A)당 작용하는 전단 현상을 일으키기에 충분한 하중과 평행한 방향으로 가해지는 전단력(P)를 의미한다.

나뭇결과 수직으로 작용하는 전단력. 나뭇결과 수직으로 작용하는 압축력과 비슷하며 응력 임계치로 계산된다.

하중의 종류. 집중 하중. 목재의 특정 지점에 집중되어 작용하는 하중. 주로 목재의 3분의 1지점에 작용하며 가운데 3분의 1에 해당하는 부분에 응력이 균일하게 작용하게 된다.

안전 하중. 구조물이 안전하게 지탱할 수 있을 것으로 여겨지는 하중을 의미한다. 임계치의 하중보다는 낮은 값이며 주로 목재에 손상을 줄 수 있는 하중의 특정한 비율로 계산한다. 이 임계치 하중과 안전 하중의 비율은 리덕션 값(reduction factor)라고 하며 4.1에서 8.1 범위 안에 위치한다.

데드 로드. 구조물의 무게에 의해 발생하는 중력.

라이브 로드. 건축물의 사용자나 가구의 하중으로 인해 작용하는 중력.

스노우 로드. 프레임이 견딜 수 있는 눈으로 인한 최대 하중. 윈드 로드와 결합하여 상당한 크기의 힘을 가할 수 있다.

윈드 로드. 벽과 지붕에 작용하는 바람에 의한 힘. 주로 스노우 로드와 같이 고려하여 총 부하량을 결정한다. 보통 3층 이하의 건축물에서는 윈드로드를 고려하지 않는다.

최종 하중. 윈드 로드와 스노우 로드의 합.

팀버프레임 프로젝트

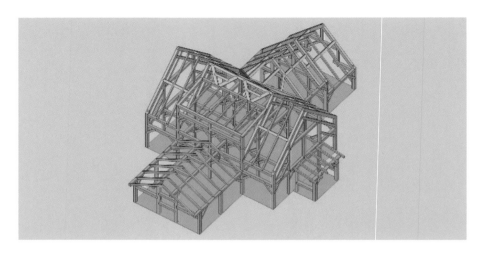

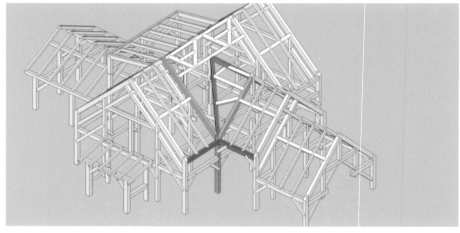

화성 조암 팀버프레임 하우스

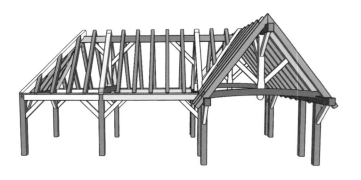

경기도 양평 팀버프레임 하우스

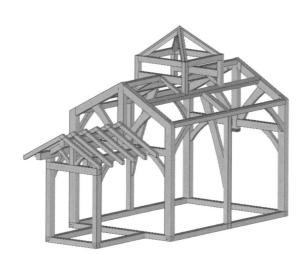

오송 팀버프레임 하우스

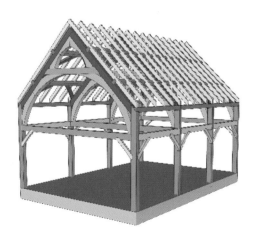

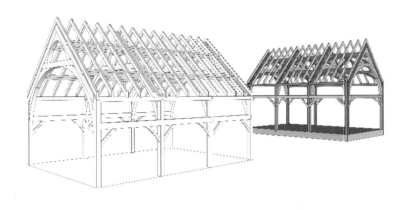

퇴촌 원당리 프로젝트(아치형 밴트가 고전적인 분위기를 연출해 낸다)

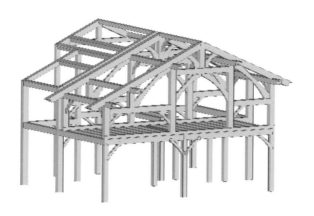

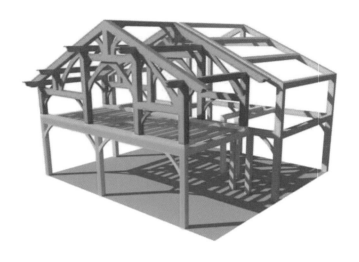

장안 금의리 프로젝트

(2층 썬룸공간이 인상적이다)

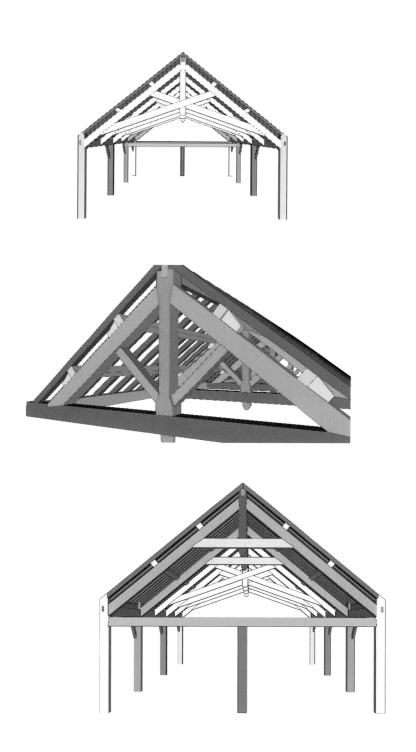

양평 프로젝트

(씨져트러스. 킹포스트 트러스가 한 공간에서 조화를 이룬다)

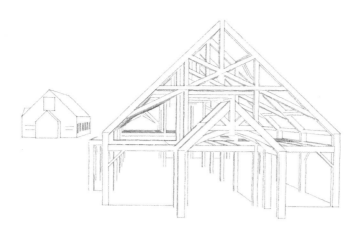

양평 문호리 프로젝트

(씨져트러스가 아름답게 표현됐다)

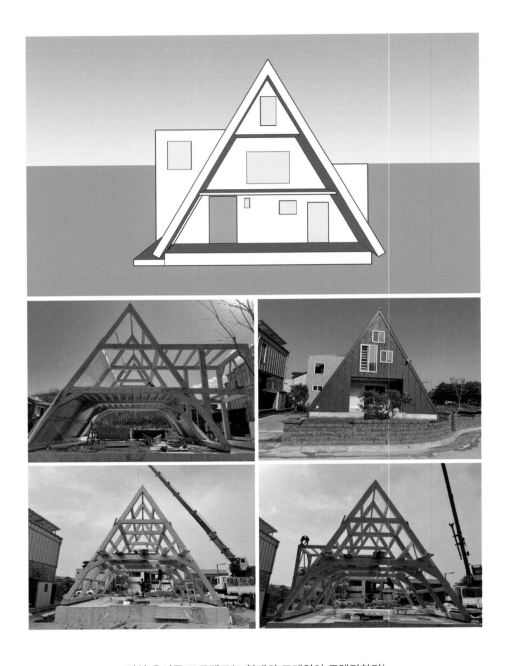

인천 운서동 프로젝트(A 형태의 프레임이 트렌디하다)

강원도 홍천 프로젝트(샬트박스 디자인)

보령시 하이브리드 팀버프레임(1층 철근콘크리트 위에 팀버프레임을 올리는 공법)

청주 팔봉리 프로젝트(헤머빔. 킹포스트 트러스가 조화를 이룬다)

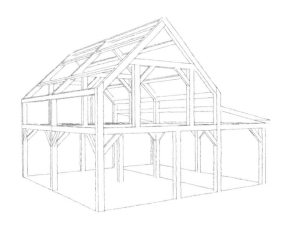

강원도 횡성 프로젝트

(작은 사이즈에 별장형 팀버프레임 주택)

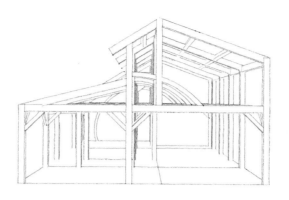

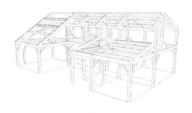

청추 프로젝트(아치브레이스를 사용해서
동양적인 감성을 표현해 냈다)

신흑동 프로젝트
(55도 지붕각에 쌍둥이 지붕)

청도 거연리 프로젝트 60도지붕에 씨져트러스

대구 극우동 프로젝트
(팀버프레임 리노베이션. 기존
건물의 벽체는 살리고 팀버프
레임으로 골격을 완성했다)

경주프로젝트(옛날 건물에서 나온 목재로 골조를 세운 반하우스)

경주 모아리 하이브리드 주택(철근콘크리트+중목골조)

신녕리 프로젝트(철근콘크리트+팀버프레임 하이브리드 주택)

평창 프로젝트(단층 주택 서까래 행렬이 아름답다)

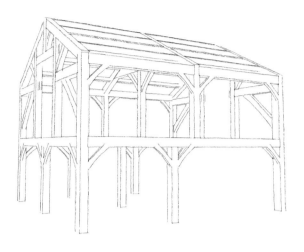

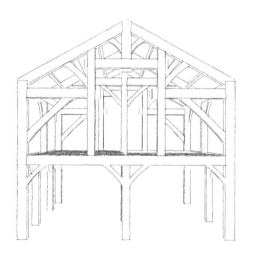

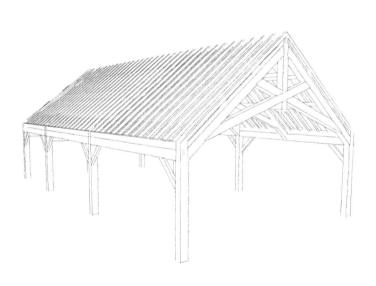

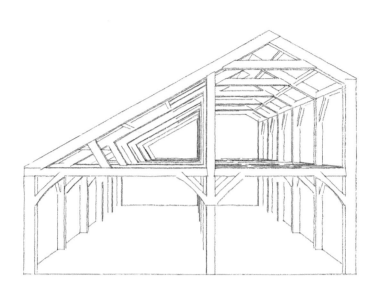

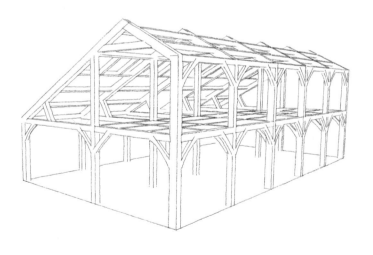

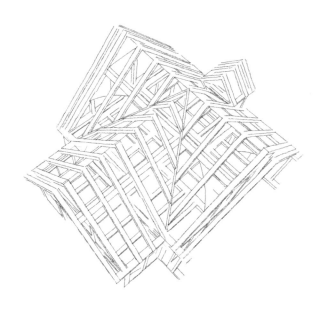

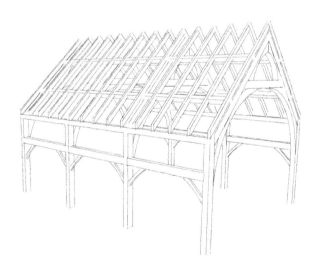

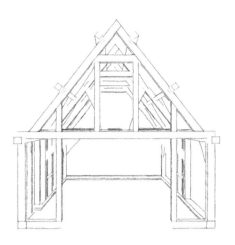

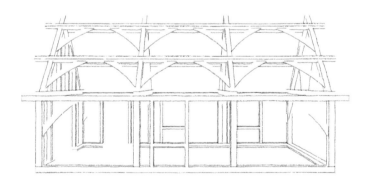

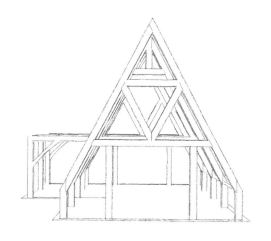

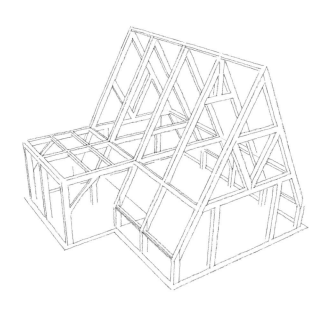

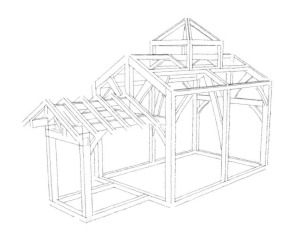

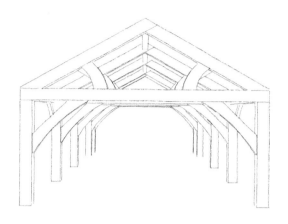

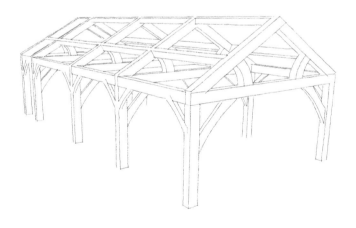

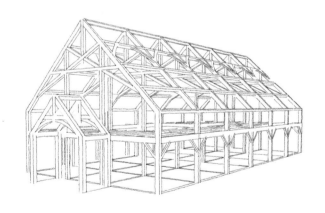

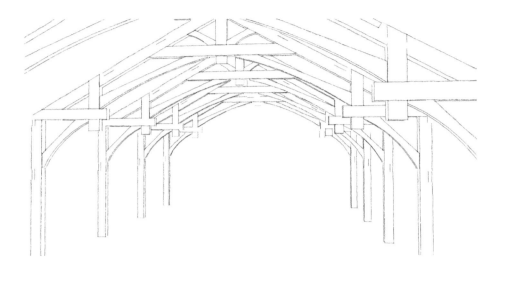

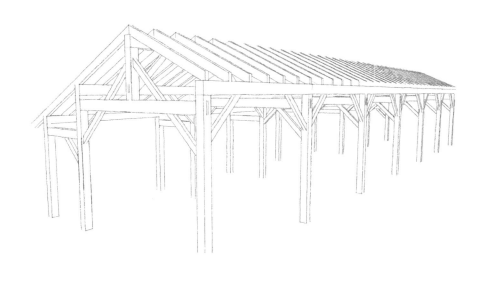

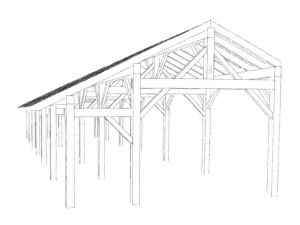

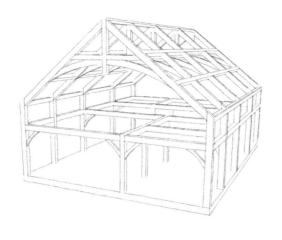

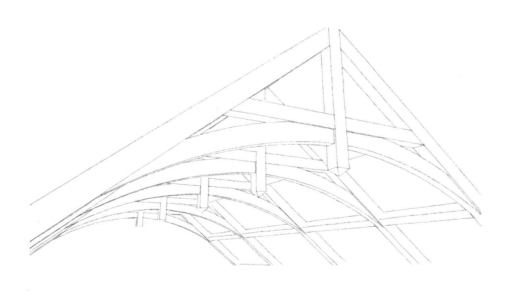

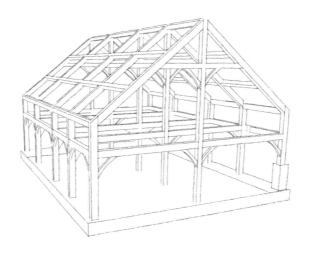

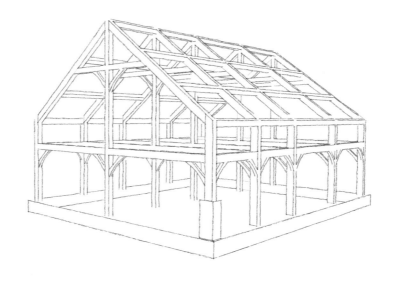

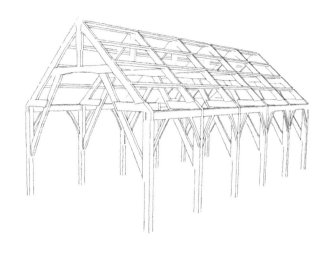

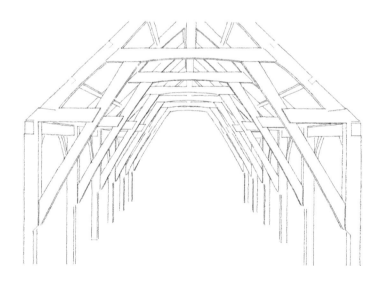

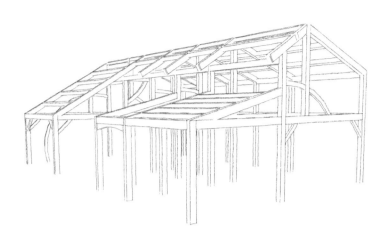

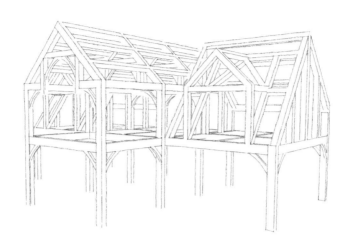

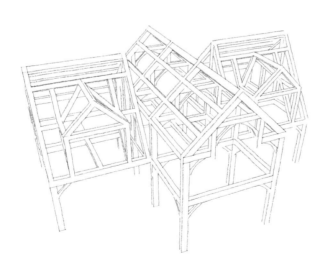

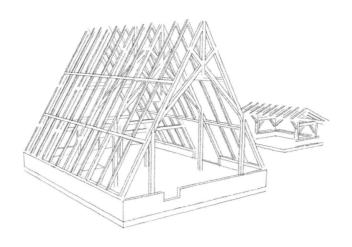

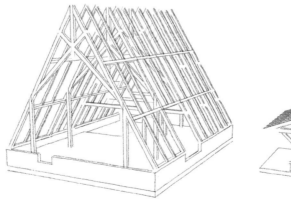

팀버프레임 공구

2인치 프레이밍 끌을 사용하여 장부촉을 손질하는 모습

왼쪽의 사진은 접합 부분을 작업할 때 가장 많이 사용하는 도구인 1.5와 2인치짜리 끌, 말렛 그리고 섬세한 작업을 위한 대패, 측정을 위한 프레이밍 스퀘어(framing square)와 컴비네이션 스퀘어(combination square)를 보여준다. 컴비네이션 스퀘어는 장부촉과 장부홈의 정확성을 측정하는 데 사용하는 도구이다.

수동 공구

프레임 끌(framing chisel). 1-1/2 혹은 2인치. 만약 팀버프레이밍을 대표하는 도구가 있다면 바로 프레임 끌일 것이다. 프레임 끌은 두 가지로 나뉘는데 탱과 소켓 끌이 그것이다. 목재 손질을 위해서는 소켓 끌(socket chisel)이 보다 선호되는데 실수를 해도 복구가 쉬울 뿐만 아니라 메(mallet)에서 전달되는 충격과 진동이 덜 하기 때문이다. 또한 손잡이가 부서저도 주변에 있는 적당한 목재로 대체가 가능하다는 장점도 있다. 반면 탱 끌(tang chisel)은 전달되는 진동이 심하기 때문에 손에 피로가 많이 간다. 또한 손잡이도 쉽게 파손되는 것에 비해 교체가 까다롭다는 단점이 있다.

끌을 고를때는 철제 부분의 품질, 무게, 균형 그리고 가장 중요하게 쓸 때의 느낌을 고려해야 한다. 비록 느낌이라는 것이 애매모호한 단어일 수 있지만 서로 다른 끌로 나무 손질을 몇 번 해@보면 금방 그 차이를 느낄수 있다. 대부분의 장부홈은 1-1/2 혹은 2인치 넓이이기에 이에 맞는 크기의 끌을 고르는 것이 중요하다.

오늘날에도 끌의 가짓수는 여전히 한정적이다. 필자가 찾은 가장 좋은 끌은 일본 검도제생 출신인 바 쿼톤(Barr Quarton)이 제작한 것이다. 그가 만든 목재 건축 공구는 다른 대량 생산 라인들과 비교해 봤을 때 적수가 없을 정도이다. 따라서 필자는 주로 처음으로 목수 공구를 구매하려는 사람들에게 그가 만든 공구들을 추천해 준다.

프레임 말렛(framing mallet). 무게는 70그램 때 15cm 정도 지름의 머릿부분을 가진 일체형으로 된 30cm 정도 길이의 말렛을 선호한다. 맬릿(확인필요-'말렛'과 '맬릿'이 하나의 말로 쓰인 게 맞다면 한 단어로 통일하는 것은 어떠실지 확인 부탁드립니다.)은 손수 제작할 수도 있다. 말렛을 사용할 때는 손잡이를 느슨히 쥐어 충격이 온전히 손과 팔에 전달되지 않도록 해야 한다. 이를 위해서는 손잡이의 둘레가 상당해야 하는데 말렛을 쥐었을 때 손가락이 손바닥을 가볍게 접촉할 정도면 적당한 둘레이다. 손잡이가 얇으면 자연스럽게 말렛을 꽉 쥐게 되고 근육에 무리가 가 부상의 위험이 있다. 손이 아닌 맬릿(확인필요-'말렛'과 '맬릿'이 하나의 말로 쓰인 게 맞다면 한 단어로 통일하는 것은 어떠실지 확인 부탁드립니다.)을 통해 충격을 흡수하고 맬릿(확인필요-'말렛'과 '맬릿'이 하나의 말로 쓰인 게 맞다면 한 단어로 통일하는 것은 어떠실지 확인 부탁드립니다.)이 아닌 끌을 통해 나무를 손질하는 것이 요령이다. 끌을 말렛으로 내리칠 때 끌의 날이 나무를 자르는 느낌을 익혀야 한다.

끌과 말렛으로 치목을 하는 모습

프레이밍 스퀘어(Framing Square). 프레이밍 스퀘어는 단연 팀버프레이밍에서 가장 중요한 도구다. 중세시대 때 목재 건축을 위해 특수히 제작된 프레이밍 스퀘어는 오늘날 목재 건축뿐만 아니라 모든 목수와 건축가들이 필수적으로 사용하는 공구가 되었다. 목재 건축가에게 프레이밍 스퀘어는 목재의 모양을 측정하고 목재 모든 면의 정확한 측량을 위해 필수적인 도구이다. 모든 목재 건축에서 첫 번째 할 일은 목재가 정확히 사각형인지 측정하는 것이고 이를 위해서는 프레이밍 스퀘어도 완벽한 사각형인지 확인할 필요가 있다. 무심히 지나칠 수 있을 부분이지만 판매 중인 프레이밍 스퀘어 중 약 30%는 정확한 사각형이 아니기에 주의 깊게 고를 필요가 있다. 목재의 모양과 각도의 측량뿐만 아니라 지붕 설계, 장부홈과 장부촉의 일관된 크기와 위치를 위해서도 프레이밍 스퀘어가 필요하다.

콤비네이션 & 베벨 스퀘어(combination & bevel square). 이 도구들은 설계를 위한 것이 아닌 대략적인 측량과 마킹을 위한 것이므로 너무 좋은 품질을 구하기 위해 애를 쓸 필요는 없다. 가장 중요한 것은 자가 미끄러지지 않게끔 단단히 고정을 할 수 있는지 여부이다. 베벨 스퀘어는 반복적인 작업을 할 때나 접합 부분의 각도를 측정할 때 용의하며 각도기의 대체물로 사용할 수는 있지만 권장하지는 않는다.

프로트랙터 및 컴퍼스 스퀘어(protractor or compass square). 컴퍼스 스퀘어는 설계 도면대로 자른 목재나 접합 부분의 각도와 깊이를 측량하는 데 쓰인다. 유용한 도구이며 있다면 상당히 자주 사용하게 된다. 우드크래프트 서플라이(Woodcraft Supply)사나 리 밸리(Lee Valley)사에서 다양한 종류를 팔고 있다.

프레이밍 스퀘어의 주 목적이자 가장 유용한 사용법은 목재의 사각형이 정확한지 확인하는 것이다. 따라서 프레이밍 스퀘어가 정확한 사각형인지 먼저 확인해야 한다. 오른쪽 사진의 프로트랙터 스퀘어는 목재의 각도를 확인하고 측정하는 데 유용하다.

전동 공구

원형 톱(circular saw). 만약 당신이 이미 전문가용 원형 톱을 가지고 있다면 아마 작동에 문제는 없을 것이다. 대부분 작업에서 쓰이는 원형 톱은 7나 9인치 톱이다. 목재를 손질하다 보면 한 방향에서만 톱을 쓸 수밖에 없는 상황이 나오는데 다양한 각도에서 작업을 하려면 사이드와인더(sidewinder)와 웜쏘(worm drive saw) 둘 다 가지고 있는것이 이상적이다. 웜쏘는 립(rip)컷에 유용하며 사이드와인더는 나무결과 수직으로 자를 때 쓰기 좋다. 비록 목재 건축을 지을 때 큰 자재들을 손질해야 하기는 하지만 그렇다고 목재 하나로 헛간을 짓는 것이 아니기에 정교한 작업이 필요하며 이를 위해 진동이 적고 적당한 크기의 톱을 선택해야 한다. 마키타(Makita) 히타치. 료비 등 일본 생산 제품이 이에 제격인데 진동이 거의 없다시피 할 뿐만 아니라 모터의 힘이 좋다. 그러나 최고 중에 최고는 독일 제품의 마펠사 제품이다. 따로 마펠사 전동 공구류를 알아보기로 하자.

만약 팀버프레임 사업장을 차리는 것이 목표라면 위의 도구보다 크고 더 강력하고 전문화된 기기를 들어와야 할 것이다. 팀버프레이밍에서 가장 시간과 노동력이 많이 드는 작업은 커다란 목재를 자르는 것과 장부이음 부분을 제작하는 것이다. 만약 이 과정에서 효율성을 높여서 작업시간을 줄일 수 있는 기기가 있다면 이를 구매하는 것이 이상적일 것이다.

목재를 자르는 경우에는 전기톱을 주로 사용하지만 전기톱으로 목재를 깔끔한 단면을 보이게 자르려면 많은 경험을 필요로 한다. 좀 더 정교한 작업을 위해서는 체인 혹인(확인필요-'혹은'의 오탈자가 아닌지 확인 부탁드립니다.) 치셀 모타이징 기기가 필요하다. 아래 소개할 도구들은 이러한 작업시 도움이 될 수 있는 공구들이다.

원형 톱 (circular saw). 큰 목재를 손질하거나 장부촉의 숄더 컷(shoulder cut)을 해야 할 때 7.25인치 이상의 원형톱을 사용하면 작업시간이 대폭 감소한다. 예산이 넉넉하다면 10, 13, 그리고 16인치 사이즈의 원형톱을 사라. 10인치 톱은 100mm 두께를 한 번에 자를 수 있으며 장부촉 숄더 컷에 효과적이다. 13인치 톱은 5인치나 되는 두께를 자르면서 10인치 톱보다는 살짝 무겁고 큰 수준이라 매우 효율적인 도구이지만 필자는 16인치 톱을 추천한다.

마키타와 히타치(Hitachi)사 모두 16인치 톱을 제작하며 독일의 마펠(Mafell)사는 14인치와 2인용 25인치 톱을 생산한다. 일본 모델 중에서는 마키타가 가장 일반적이다. 원형톱의 가격은 변동이 심하긴 하지만 어떠한 제품이든 좋은 가격에 나온다면 구매하는 것을 권장한다. 독일의 마펠사의 제품이 특히 더 비싸지만 품질이 보증되어 있고 깔끔한 절단면을 자랑한다. 창고에 굴러다니게 하는 그런 흔한 공구는 아니라는 것이다.

사이드와인더(sidewinder)와 웜쏘(worm drive saw)

마펠사의 대형톱은 조금 더 잘 설계되어 있고 사용법 역시 단순하지만
가격이 2배에 가까워 전문적인 건축가에게만 권할 만하다.

모타이징 기기(mortising machine). 모타이저는 보통 체인(chain)과 치젤
(chisel) 두 가지로 나뉜다. 마키타와 히타치 사가 두 종류 모두 생산을 하며 필자

가 품질이 가장 좋다고 생각하는 유럽의 마펠과 프로툴(ProTool)은 체인 모타이저만 판매한다. 일본에서 생산되는 제품들과는 다르게 이러한 유럽 제품들은 장부이음 작업을 할때 기기를 목재에 고정시킬 필요가 없이 갖다 대고만 있으면 안정적으로 작업을 할 수 있기에 더욱 편리하고 시간이 절약되는 측면이 있다. 더 가볍고 조작법이 비교적 쉬운 것 또한 장점이다. 이는 유럽식 기기들이 나뭇결과 수직으로 작용하기 때문인데 더 쉽게 절단이 가능하며 절단면이 자연스럽게 기기를 고정시킬 뿐만 아니라 갑작스러운 반동을 걱정할 필요도 없다. 반면 일본 제품은 나뭇결을 따라 자르기 때문에 목재와 기기가 고정되어야 하고 단단한 목재나 옹이 있는 부분을 절단해야 할 때 갑작스럽게 기기가 요동치는 것을 주의해야 한다. 일본 모델이 도요타라면 유럽 제품은 메르세데스이다. 도요타를 타도 목적지에 도달은 하지만 많은 사람이 선망하는 것은 메르세데스인 것과 같은 것이다. 그러나 유럽식 모델이 600만 정도로 일본 모델보다 상당히 비싸니 이를 구매하려면 목재 건축에 대한 열정이 필요하다.

치셀 모타이저 같은 경우는 깔끔한 절단면을 남긴다는 장점이 있지만(체인 모타이저의 경우에는 후속 작업이 필수적이다) 작업 시간이 조금 더 더디며 부드러운 목재에서만 작업이 가능하고 브레이스 포켓(brace pocket)처럼 좁고 얕은 장부홈만 작업 가능하다. 체인 모타이저와 같이 마키타와 히타치 제품 모두 비슷한 성능을 보이기에 가격과 접근성을 기준으로 선택하자. 치셀 모타이저는 체인과 가격이 비슷하며 하나만 사야겠다면 개인적으로는 작업속도가 빠르고 보다 다용성이 있는 체인 모타이저를 추천한다.

마펠사에 체인톱 가격이 비싸지만 대형목재를 다양한 각도로 절단할 수 있다.

베벨각을 치목할 경우 아주 효과적이다.

포터블 밴드소는 아크면을 절단하기에 최적화되어 있다.

팀버프레임 공구 전문회사 마펠사의 제품군

mafell / 1

품명	K 85 Ec (휴대용 원형톱)

기술 데이터			
절삭 깊이	0 – 88mm	공칭 입력	2300W
45°에서 절단 깊이	0 – 61.5mm	추출 연결 직경	35mm
60°에서 절단 깊이	2 – 44.5mm	무게	6.7kg
틸트 범위	0 – 60°	범용 모터	220V/60Hz
공칭 무부하 속도	2250 – 4400 1/min		

소개글:

건축목재시공 현장에 필수적으로 요구되는 높은 내구성과 중량자재에 따른 높은 출력이 요구되는 작업 현장에 알맞은 제품입니다.

- 고출력 CUprex 모터: 가공소재에 따른 가변 출력조절 기능
- 기존 알루미늄 합금보다 30% 가벼우며 강도는 높은 마그네슘 합금 프레임 재질
- 높은 내구성의 유리섬유강화 폴리아미드 몸체
* Skew notch, Lap jojnt, Valley jack rafter, cross cutting

특징

- 틸트 범위: 0 – 60°
- 플런지 절단시 리빙 나이프 탈착이 필요 없음
- 톱날 틸트 각도에 따른 컷팅 라인 표시 / 0 – 60°

건축목재시공에 특화된 악세사리

- 평행 가이드 펜스/ 롤러 엣지 가이드
- 가이드 트랙 L (최대 절단 길이 370mm)/ 크로스 각도 컷팅 레일

mafell / 2

품명	MKS 130 Ec / MKS 165 Ec / MKS 185 Ec (휴대용 원형 목공 톱)

기술 데이터 / MKS 130Ec			
절단 깊이	50 – 130mm	공칭 입력	2500W
45°에서 절단 깊이	37 – 94mm '	추출 연결 직경	58mm
60°에서 절단 깊이	25 – 65mm	무게	12kg
틸트 범위	0 – 60°	범용 모터	220V/60Hz
공칭 무부하 속도	1000 – 2000 1/ min		

기술 데이터/ MKS 165Ec			
절단 깊이	85 – 165mm	추출 연결 직경	58mm
45°에서 절단 깊이	60 – 116.5 mm	무게	15.3 kg
60°에서 절단 깊이	42 – 82.5mm	범용 모터	230 V / 50 Hz
틸트 범위	0 – 60°	공칭 입력	2800W
공칭 무부하 속도	1500 – 1800 1/min		

기술 데이터/ MKS 185Ec			
절단 깊이	105 – 185mm	공칭 무부하 속도	1400 – 1700 1/min
45°에서 절삭 깊이	74 – 131mm	공칭 입력	3000W
60°에서 절단 깊이	53 – 93 mm	추출 연결 직경	58mm
틸트 범위	0 – 60°	무게	16.1kg
범용 모터	220V/60Hz		

소개글:

건축목재시공 현장에 필수적으로 요구되는 높은 내구성과 중량자재에 따른 높은 출력이 요구되는 작업 현장에 알맞은 제품입니다.

높은 출력으로 안정적인 절삭력을 보여주며, 그로 인해 사용자에게 안전과 편리함을 주는 건축목재시공 현장에 필수적인 휴대용 원형톱입니다.

- 고출력 CUprex 모터: 가공소재에 따른 가변 출력조절 기능
- 기존 알루미늄 합금보다 30% 가벼우며 강도는 높은 마그네슘 합금 프레임 재질
- 높은 내구성의 유리섬유강화 폴리아미드 몸체

특징

- 틸트 범위: 0 – 60°
- 일체형 립펜스
* 좌, 우에 위치해 있으며 사용자 편의에 따라 사용가능함, 특히 다량의 rafters
  가공에 매우 편리함
- 높은 출력 대비 가벼운 중량이며 작업 안정성이 매우 높음
- MKS 185Ec 독보적인 클래스: 극한의 185mm를 위한 헤비 듀티 3000와트
  (3.8hp) 모터 커팅 성능!
- 톱의 취급 및 동작은 부드러운 시작, 일정한 부하 속도, 속도 감소 및 과부하 보호
- 특별히 설계된 톱날위치 선정 장치로 인하여 안정적인 사용이 가능합니다.

건축목재시공에 특화된 악세사리

- 하드 가이드레일(rafters , Birdsmouth 가공에 편리함)
- 유니버셜 가이드펜스(crosscutting에 사용)

mafell / 3

품명	ZSX Ec / 400 HM / 목수용 체인톱

기술 데이터			
절단 깊이	400mm	공칭 입력	3000W
45°에서 절삭 깊이	282mm	무게	14.1kg
60°에서 절삭 깊이	199mm	범용 모터	220V/60Hz
양방향 기울기	− 60 – +60° − 60 – +60°	공칭 무부하 속도	3000 – 3600 1/min

소개글:

건축목재시공 현장에 필수적으로 요구되는 높은 내구성과 중량자재에 따른 높은 출력이 요구되는 작업 현장에 알맞은 제품입니다.

- 고출력 CUprex 모터: 가공소재에 따른 가변 출력조절 기능
- 기존 알루미늄 합금보다 30% 가벼우며 강도는 높은 마그네슘 합금 프레임 재질
- 높은 내구성의 유리섬유강화 폴리아미드 몸체

특징
- 틸트 범위: 좌, 우 0 – 60°
- 립펜스
* 좌, 우 위치에 부착하여 사용할 수 있으며, 특히 다량의 rafters 가공에 매우 편리함
- 높은 출력 대비 가벼운 자체 중량이며 작업 안정성이 매우 높음
- post anchor 작업 특화됨
- cemented carbide (초경합금) 및 연마용 일반 톱날 선택 가능

건축목재시공에 특화된 악세사리
- 하드 가이드레일(rafters , Birdsmouth 가공에 편리함)
- 유니버셜 가이드펜스(crosscutting에 사용)

mafell / 4

품명	LS 103 Ec / 체인 각끌기	

기술 데이터			
장부홈 가공깊이	100~ 150mm	공칭 무부하 속도	4050 1/min
공칭 입력	2500W	무게	8.7kg
범용 모터	220V/60Hz		

소개글:

건축목재시공 현장에 필수적으로 요구되는 높은 내구성과 중량자재에 따른 높은 출력이 요구되는 작업 현장에 알맞은 제품임
 - 기존 알루미늄 합금보다 30% 가벼우며 강도는 높은 마그네슘 합금 프레임 재질
 - 높은 내구성의 유리섬유강화 폴리아미드 몸체

특징
 - 체인톱날의 회전방향이 나무결 방향에 직각으로 회전함으로 가공위치 변경과
   연속 작업시 매우 편리합니다.
 - 다양한 옵션이 추가 가능하며 Slot Mortising 작업에 특화됨
 * Guide support stand FG 150 / Slot Mortising Attachment SG 230 / Slot
   Mortising Attachment SG 400

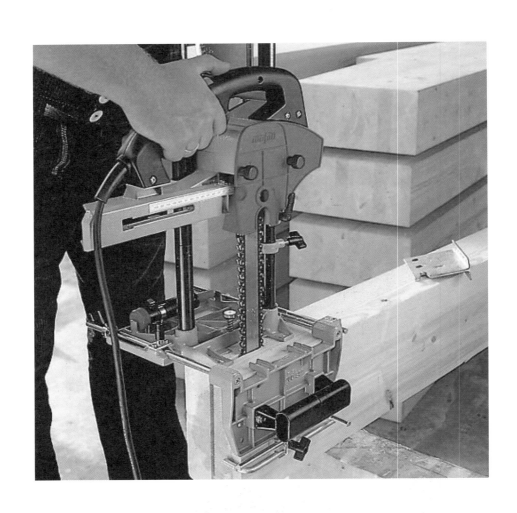

팀버프레임 시공실무 가이드: (vol.1)

mafell / 5

품명	NFU 50 / 장부촉 가공기

기술 데이터			
공칭 전압	220V	공칭 전력 입력	2300W
가이트랙 없이 절단깊이	0~50mm	가이드 트랙사용 절단깊이	0~44mm
틸팅 범위	0 – 45°	무부하 속도	5900 1/min
가이드 트랙 포함 중량	9.4kg	가이드 L 포함 절단 길이	370 mm

소개글:

건축목재시공 현장에 필수적으로 요구되는 높은 내구성과 중량자재에 따른 높은
출력이 요구되는 작업 현장에 알맞은 제품임

- 고출력 CUprex 모터: 가공소재에 따른 가변 출력조절 기능
- 기존 알루미늄 합금보다 30% 가벼우며 강도는 높은 마그네슘 합금 프레임 재질
- 높은 내구성의 유리섬유강화 폴리아미드 몸체

특징

- 다양한 장부촉, 턱가공, 홈파기 작업에 특화됨
- 교환식 날물적용으로 사업현장에서 사용하기 편리함
- 높은 가공 정밀도와 작업안정성, 누구나 쉽게 사용 가능한 편리성으로 작업효
  율이 높습니다.
- Birdsmouth 절단 및 랩 조인트
- 호환되는 재료에는 원목 및 접착 적층 목재에도 사용이 가능합니다.

mafell / 6

품명	ZK 115 Ec / Carpenter's Skew Notch, Lap-Joint 및 장부 절단기

기술 데이터

랩 조인트 깊이	0 – 70mm	틸트 범위	0 – 60°
공칭 무부하 속도	4050 1/min	공칭 입력	3000W
무게(표준 커터 헤드 포함)	21.1kg	범용 모터	230V/50Hz
스큐 노치 커터 헤드	Ø 150 x 115 mm		

소개글:

건축목재시공 현장에 필수적으로 요구되는 높은 내구성과 중량자재에 따른 높은 출력이 요구되는 작업 현장에 알맞은 제품임

- 고출력 CUprex 모터: 가공소재에 따른 가변 출력조절 기능
- 기존 알루미늄 합금보다 30% 가벼우며 강도는 높은 마그네슘 합금 프레임 재질
- 높은 내구성의 유리섬유강화 폴리아미드 몸체

특징

- 다양한 장부촉, 턱가공 특화됨
- 교환식 날물적용으로 사업현장에서 사용하기 편리함
- 높은 가공 정밀도와 작업안정성으로 작업이 효율적임
- Birdsmouth 절단 및 랩 조인트
- 원목 및 접착 적층 목재의 가공이 가능합니다.

mafell / 7

품명	Z5 Ec / 포터블 밴드쏘

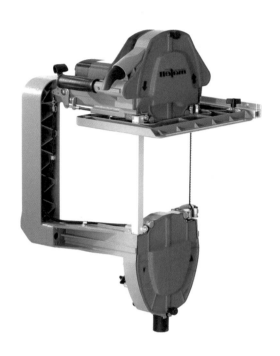

기술 데이터			
절단 깊이	305mm	틸트 범위, 블레이드 한쪽	0 – 30°
공칭 무부하 속도	650 – 1550 1/min	공칭 입력	2250W
추출 연결 직경	35mm	무게	13.6kg
범용 모터	220/60Hz		

소개글:

건축목재시공 현장에 필수적으로 요구되는 높은 내구성과 중량자재에 따른 높은 출력이 요구되는 작업 현장에 알맞은 제품임

- 고출력 CUprex 모터: 가공소재에 따른 가변 출력조절 기능
- 기존 알루미늄 합금보다 30% 가벼우며 강도는 높은 마그네슘 합금 프레임 재질
- 높은 내구성의 유리섬유강화 폴리아미드 몸체

특징

- CUprex로 고성능 모터 -가변 디지털 전자 장치
- 오프 스위치와 결합된 브레이크
- 볼 베어링 상하 톱날 가이드
- 톱날을 측면으로 30° 틸팅 가능해 작업성을 높임
- 절단면의 직각도가 매우 우수합니다.

곡선 가공에 특화됨

mafell / 8

품명	ZH 320 Ec / 카펜터 빔 플래너

기술 데이터			
대패 폭	320mm	대패질 가공깊이	0 – 3mm
커터 헤드 직경	74mm	공칭 무부하 속도	8500 1/min
공칭 입력	2700W	무게	14kg
범용 모터	230V/50Hz		

소개글:

건축목재시공 현장에 필수적으로 요구되는 높은 내구성과 중량자재에 따른 높은 출력이 요구되는 작업 현장에 알맞은 제품임

- 고출력 CUprex 모터: 가공소재에 따른 가변 출력조절 기능
- 기존 알루미늄 합금보다 30% 가벼우며 강도는 높은 마그네슘 합금 프레임 재질
- 높은 내구성의 유리섬유강화 폴리아미드 몸체

특징

- 개선된 공기 흐름과 새로운 덕트 설계로 젖은 목재도 톱밥 배출에 막힘이 없습니다
- 2700w 광전류 모터로 320mm 대패질 폭이 가능함
- 일체형 경량 마그네슘 주조 몸체
- 지능형 전자제어 방식으로 과부하 방지, 부드러운 시작과 속도 감속
- 사용자 편의를 위한 손잡이 설계

mafell / 8

품명	LO 65 Ec (고출력 핸드루터)	

기술 데이터			
절단 깊이	0 – 65mm	콜렛 규격	Ø 1/2" / 6 – 12mm
공칭 무부하 속도	10000 – 22000 1/min	공칭 입력	2600W
추출 연결 직경	35mm	무게	6.9kg
범용 모터	220V / 60 Hz		

소개글:

건축목재시공 현장에 필수적으로 요구되는 높은 내구성과 중량자재에 따른 높은 출력이 요구되는 작업 현장에 알맞은 제품입니다.

- 고출력 CUprex 모터: 가공소재에 따른 가변 출력조절 기능
- 기존 알루미늄 합금보다 30% 가벼우며 강도는 높은 마그네슘 합금 프레임 재질
- 높은 내구성의 유리섬유강화 폴리아미드 몸체

특징

- 프로파일링 및 커팅 그루브
- 피팅/하드웨어 절단
- 도브테일 조인트 (ignatool, Arunda)
- 계단 하우징 라우팅용
- 고출력 대비 콤펙트한 크기
- 사용자 편의를 위한 손잡이 설계

mafell / 9

품명	Arunda class N 120 (밀링 템플릿)

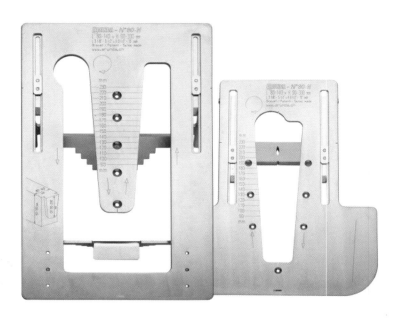

기술 데이터

장부 폭(Nr. 120)	120 – 200 mm	목재 높이(Nr. 120)	90 – 380mm
목재 섹션(Nr. 120)	120x90 – 200x380mm		

소개글:

Arunda®는 도브테일 가공용 밀링 템플릿 가이드입니다.

목재 대 목재 도브테일 조인팅을 수동으로 만드는 시스템입니다.

특징

- 도브테일 조인트

- 목재 조인트

- 바닥 장선 또는 서가래의 수직 또는 각도 조인트

- 높은 내구성의 알루미늄 합금 재질

- 높은 정밀도와 편리성이 우수합니다.

springer
long line or beam of flash

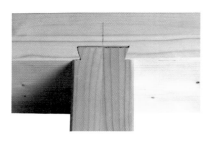

springer
Joists or Beams in Offset

squared ridge
rafters on purlin

chamfer ridge
rafters on purlin

Butt and pass corner connection

Post & Beam

mafell / 10

품명	BST 460 (드릴링 스테이션)

기술 데이터			
최대 0°에서 공구 직경	130mm	최대드릴 길이	460mm
최대 드릴링 깊이	300mm	드릴 가이드 클램핑 범위	8 – 30mm
드릴연결 규격	43mm	무게	4.8 kg
드릴 기울기	좌, 우 45°		

소개글:

MAFELL의 드릴링 스테이션은 경량 알루미늄 프레임으로 단단한 중량목재의 드릴링 작업에 매우 탁월합니다.

하단의 드릴비트 고정 장치인 회전 베어링 설계는 수직 드릴링 작업의 정밀도는 보장합니다.

평행한 연속 작업에는 평행 펜스를 이용하면 작업의 효율을 증가시킵니다.

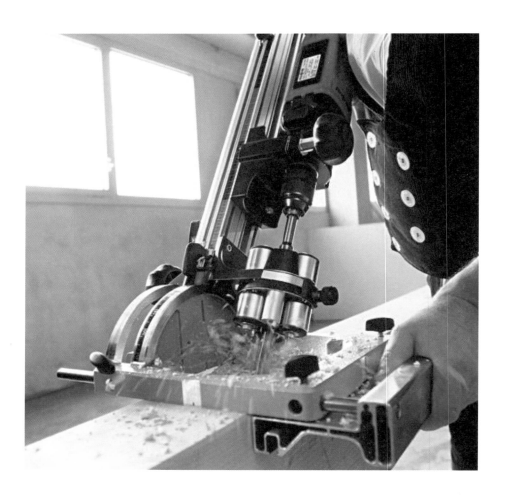

mafell / 11

품명	P1CC(정밀직소)		

기술 데이터			
스트로크 높이	26mm	무부하 스트로크 수	800 – 3000 1/min
공칭 입력	900W	무게	2.5kg
범용 모터	220v / 60Hz		

소개글:

건축목재시공 현장에 필수적으로 요구되는 높은 내구성과 중량자재에 따른 높은
출력이 요구되는 작업 현장에 알맞은 제품입니다.

- 고출력 CUprex 모터: 가공소재에 따른 가변 출력조절 기능
- 기존 알루미늄 합금보다 30% 가벼우며 강도는 높은 마그네슘 합금 프레임 재질
- 높은 내구성의 유리섬유강화 폴리아미드 몸체

특징

- 낮은 저중심 설계로 작업 안정이 높음
- 직소날을 고정하기 위한 베어링이 없는 설계로 높은 스트로크 와 직소날의 과열
  연상이 없음
- 직소날의 마찰열을 줄이기 위한 블로어 기능
- 튼튼한 프레임 구조로 커팅시 매우 정밀한 90° 각도 가공이 가능함

mafell / 12

품명	UVA 115E (고출력 오비탈 샌딩기)

기술 데이터

샌딩 디스크 규격	115 x 230mm	샌딩 스트로크	2.6mm
공칭 스트로크 무부하	2000 – 12000 1/min	공칭 전력 입력	450W
추출 연결 직경	35mm	무게	2.7kg
진동	〈 2.5m/s2	범용 모터	220V / 60Hz

소개글:

건축목재시공 현장에 필수적으로 요구되는 높은 내구성과 중량자재에 따른 높은 출력이 요구되는 작업 현장에 알맞은 제품입니다.

- 고출력 CUprex 모터: 가공소재에 따른 가변 출력조절 기능
- 높은 내구성의 유리섬유강화 폴리아미드 몸체

특징

- 밸크로 부착, 클립형 고정 두 가지 방식으로 사포 사용 가능
- 밸크로 형식의 사각, 삼각 사포 사용 가능
- 일반적인 사포 사용 가능
- 높은 출력으로 작업속도가 매우 빠릅니다.
- 특수 진동저감 설계로 사용자에 유해한 사용시 발생하는 자체진동을 매우 낮게 유지합니다.
- 샌딩 작업 시 발생하는 분진을 효율적으로 포집하는 설계로 작업환경 개선과 사용자의 건강에 도움이 됩니다.